电力工程施工现场人员岗位读本

技术员

JISHUYUAN

张崇洋　主　编
孟祥泽　王文斌　肖天平　副主编

中国电力出版社
CHINA ELECTRIC POWER PRESS

内 容 提 要

本书为“电力工程施工现场人员岗位读本”《技术员》分册。

本书主要介绍了电力工程施工现场技术员的岗位职责和工作内容，应掌握的专业技术知识和管理知识，以及有关的法规、标准等。全书共分十章，包括：综述、施工组织设计、工程质量管理、施工技术管理、工程监理与工程质量监督、计量管理、工程技术竣工资料与档案管理、管理体系及相关认证、启动及竣工验收、科技成果与专利知识。

本书可供电力施工企业技术管理人员使用，相关高校师生亦可参考。

图书在版编目（CIP）数据

电力工程施工现场人员岗位读本. 技术员/张崇洋主编. —北京：中国电力出版社，2018.4
ISBN 978-7-5198-1737-4

Ⅰ. ①电… Ⅱ. ①张… Ⅲ. ①电力工程–工程施工–施工现场–岗位培训–自学参考资料 Ⅳ. ①TM7

中国版本图书馆 CIP 数据核字（2018）第 027062 号

出版发行：中国电力出版社
地　　址：北京市东城区北京站西街 19 号（邮政编码 100005）
网　　址：http://www.cepp.sgcc.com.cn
责任编辑：韩世韬（010-63412373）　马雪倩
责任校对：王开云
装帧设计：左　铭
责任印制：蔺义舟

印　　刷：三河市百盛印装有限公司
版　　次：2018 年 4 月第一版
印　　次：2018 年 4 月北京第一次印刷
开　　本：710 毫米×980 毫米　16 开本
印　　张：15.5
字　　数：277 千字
印　　数：0001—1500 册
定　　价：59.00 元

前　言

当前，电力建设事业发展迅速，科学技术日新月异，新标准、新法规相继颁布。活跃在施工现场一线的技术管理人员，其业务水平和管理水平的高低，已经成为决定电力建设工程能否有序、高效、高质量完成的关键。为满足施工现场技术管理人员对业务知识的需求，我们在深入调查研究的基础上，组织相关工程技术人员编写了这套“电力工程施工现场人员岗位读本”，共有《技术员》《质检员》《计量员》《材料员》《预算员》《资料员》《机械员》《安全员》八个分册。

这套丛书理论联系实际，突出实践性和前瞻性，注重反映当前电力工程施工的新技术、新工艺、新材料、新设备、新流程和管理方法，也是编者多年现场工作经验的总结。

这套丛书主要介绍各类技术管理人员的岗位职责和工作内容，应掌握的专业技术知识和管理知识，以及有关的法规、标准等，是一套拿来就能学、能用的岗位培训用书。

本书为《技术员》分册，全面系统地介绍了作为施工现场的技术员所需掌握的知识要点、管理规定、相关法规等，主要内容包括：综述、施工组织设计、工程质量管理、施工技术管理、工程监理与工程质量监督、计量管理、工程技术竣工资料与档案管理、管理体系及相关认证、启动及竣工验收、科技成果与专利知识等。

本书由张崇洋担任主编，孟祥泽、王文斌、肖天平担任副主编，参加编写的还有王攀、宋作印、刘纪法、巩西玉、王勇旗、孟令晋、罗佃华、马立民、李忠东、陆方迪、尚林波、徐建来、庞艳、张俊强、李海、刘保峰、赵启龙、巩希文、张宏伟等。

本书编写过程中得到了中国电力出版社、中国电力建设集团股份有限公司工程管理部、中国电建集团山东电力建设第一工程有限公司、华电莱州发电有限公司、华电淄博热电有限公司、山东高速轨道交通集团有限公司的大力支持，在此表示衷心的感谢。

本书虽经反复推敲，仍难免有疏漏和不当之处，恳请广大读者提出宝贵意见。

编　者

2018 年 3 月

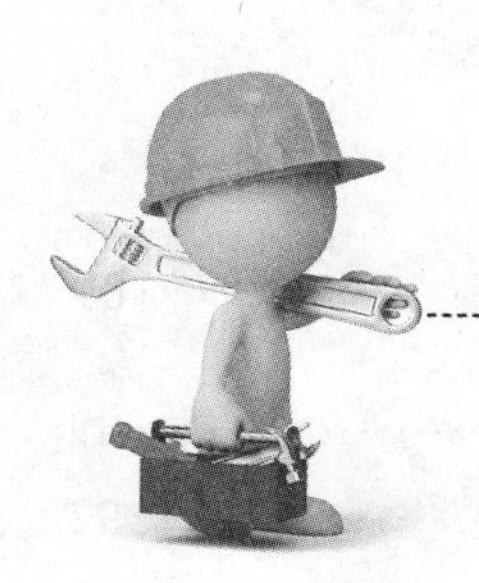

目 录

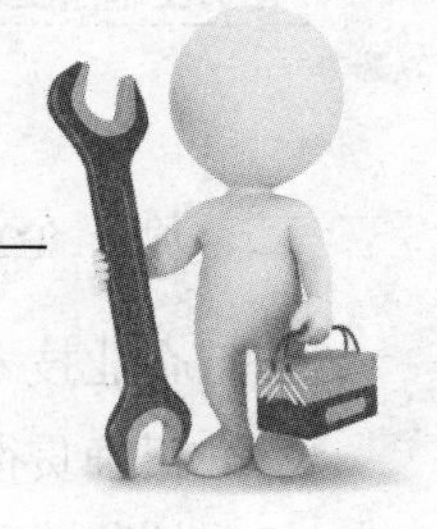

第一章 综 述

第一节 工程技术管理概述

一、工程技术管理的概念

工程技术管理是对工程的全部技术活动所进行的管理工作。基本任务是贯彻国家技术政策、执行标准、规范和规章制度，明确划分技术责任，保证工程质量，开发施工新技术，提出施工技术水平。

建筑安装工程施工过程是建筑安装产品的生产过程，也是一系列技术活动进行的过程，因此，技术管理是建筑安装施工企业管理的重要组成部分。

施工企业的技术管理活动不仅需要研究某项技术问题如何解决，而且还需要研究如何对各项技术活动和技术工作进行管理，即运用管理的职能促进各项技术工作的开展，保证施工生产活动的顺利进行。技术管理的基本概念如图 1–1 所示。

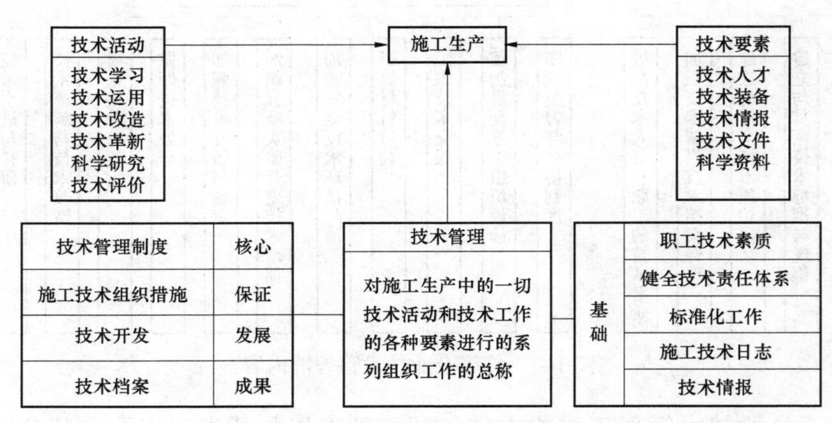

图 1–1 技术管理的基本概念

二、施工企业技术管理的任务

施工企业技术管理的任务包括：

（1）正确贯彻国家的技术政策和上级对技术工作的指示及决定。

（2）按照“现场第一，强化服务”的原则，建立健全组织机构，形成技术保障体系，按照技术规律，科学地组织各项技术工作，充分发挥技术的作用。

（3）建立技术责任制，严格遵守基本建设程序、施工程序和正常的生产技术秩序，组织现场文明施工，保证工程质量和安全施工，降低消耗，提高建设投资和生产施工设备的投资效益。

（4）组织企业的科学技术研究、技术开发、技术教育、技术改造、技术革新和技术进步，不断提高技术水平。

（5）努力提高技术工作的经济效果，做到技术与经济的统一。

施工企业技术管理的内容是由技术管理的任务所决定的，又与建筑安装施工技术工作的特点相适应的，施工企业技术管理的内容如图 1–2 所示。

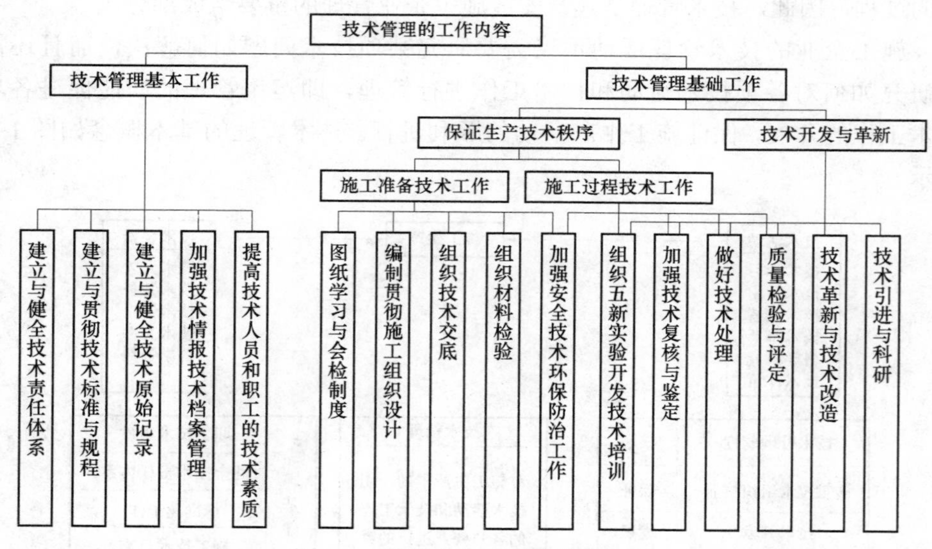

图 1–2　施工企业技术管理的内容

施工企业技术管理工作的内容包括基础工作和基本工作两个部分。基础工作是为有效的开展技术管理的基本工作开道。基本工作是紧紧围绕技术管理的基本任务而展开的，它与技术管理的基础工作之间是相辅相成、相互依赖的关系。

因此，施工企业只有全面地做好上述技术管理工作，才能保证企业生产技术活动的正常开展，生产技术准备工作、工程质量、劳动生产率和经济效益才能不断提高，从而增强企业的技术经济活动，使自身得以不断发展壮大。

第二节 技术员工作职责

技术员的工作职责包括：

（1）工程开工前，列出项目所需的技术资料清单并备齐所需的有关表格，下发给相应关部门和有关人员。

（2）负责管理项目所有设计图纸、规范、标准及施工过程中的各种技术资料、工程档案。

（3）熟悉施工图纸，掌握施工规范、标准、图集中的基本内容，严格执行企业、项目部的各项规章制度及工序文件。

（4）参与编写施工组织设计及专项施工方案、技术措施并监督执行情况。

（5）负责对班组或劳务分包单位进行分部分项技术交底，检查、督促施工班组按各级技术交底要求进行施工。

（6）参加图纸会检，做好图纸审查意见的收集、汇总及图纸会检记录的整理工作。

（7）参与本项目测量、定位、放线、计量技术复核、隐蔽验收等工作，及时准确填写有关技术表格，做好有关记录工作。

（8）处理施工中一般性的技术问题，对劳务公司提出的图纸及技术问题进行审核、处理并与上级技术主管部门沟通解决。负责制定质量问题整改措施。

（9）在项目技术负责人的授权下，参与对设计院、建设单位、监理的部分技术交涉、管理工作。起草须交请上述单位的技术核定、设计变更、技术签证等。

（10）负责施工现场试验的监督、管理工作。

（11）参与新工艺、新技术、新材料、新装备、新流程的实施工作。

（12）做好工作日记，记录每日工作情况，定期组织统一汇总汇报。

（13）协助有关部门和人员填写各种表格和资料。

（14）对质量记录进行定期的收集和管理。

（15）每月至少一次对所有工程资料、档案进行全面的收集、整理汇总工作，确保所有工程资料完整、查阅方便。

（16）上级领导安排的其他工作。

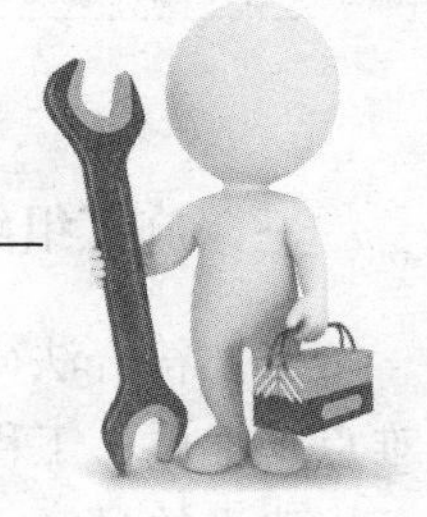

第二章 施工组织设计

火力发电工程施工组织设计分为施工组织总设计、标段施工组织设计、专业施工组织设计。送变电工程的施工组织设计划分为施工组织设计纲要和施工组织设计（或施工组织措施计划）两个部分。

第一节 任务、编制依据和原则

一、施工组织设计的任务

施工组织设计是对电力建设施工过程实行科学管理的重要手段，是编制施工预算和施工计划的重要依据，是电力施工企业施工管理的重要组成部分。施工组织设计应根据产品的生产特点，从人力、资金、材料、机械和施工方法这五个主要因素进行科学地安排，使之在一定的时间和空间内，得以实现有组织、有计划、有秩序的施工，以期在整个工程施工上达到相对的最优效果，即时间上耗工少，工期短；质量上精度高，功能好；经济上资金省，成本低。这就是施工组织设计的任务。

二、施工组织设计编制的依据

（1）工程施工合同、招投标文件和与工程有关的其他合同。

（2）已经批准的初步设计及有关文件。

（3）工程概算和主要工程量。

（4）主要设备技术文件。

（5）设备清单和主要材料清单

（6）新设备、新材料试验资料。

（7）现场情况调查资料。

三、施工组织设计的编制原则

（1）符合法律、法规、标准的规定，结合施工企业的特点，对工程的特点、难点、性质、工程量进行综合分析，确定本工程施工组织设计的指导方针，实现工程建设的目标。

（2）符合合同约定的建设工期、各项技术经济指标和质量目标。

（3）符合基本建设程序，做好施工前期准备工作，合理安排施工顺序，实现完整的机组（项目）投产达标。

（4）现场组织机构的设置、管理人员的配备，应精简、高效，满足工程建设的需要。

（5）在加强综合平衡、调整施工密度、改善劳动组织的前提下，力求连续均衡施工，满足工程总体进度的要求。

（6）施工现场布置应紧凑合理，便于施工，并符合安全、防火、环保、节能减排的要求，提高场地利用率，减少施工用地。

（7）运用科学的管理方法和先进的施工技术，推广应用新技术，提高机械利用率和机械化施工的综合水平，降低施工成本，提高劳动生产率。

（8）在经济合理的基础上，提高工厂化施工进度，减少现场作业，减少现场施工场地与施工人数。

（9）明确质量目标，加强质量管理，保证工程质量，提高质量水平。

（10）明确安全、职业健康和环境目标，加强安全、职业健康和环境管理，保证施工安全，提高安全管理水平。

（11）加强物资采购、运输、验收、保管和发放的管理，确保工程物资的质量满足工程需要。

（12）推行计算机信息技术在施工管理系统中的应用，提高信息化管理水平。

第二节 主 要 内 容

施工组织设计的内容应包含工程概况、现场组织机构与人力资源配置、施工综合进度、施工总平面布置及力能供应、主要施工方案及重大施工技术措施、质量管理、职业健康与安全管理、环境管理、物资管理、现场教育培训、工程信息化管理等。

一、施工组织设计编制前需要搜集的资料

（1）与研究、制定施工方案和确定施工布置有关的厂区水文、地质、地震、气象及测量报告。

（2）与工程相关的煤源、水源、交通、输变电等配套工程建设的安排和进展情况。

（3）建设单位、设计单位、监理单位、各标段施工单位的情况，各标段施工范围的划分；施工图纸目录及图纸交付进度计划；主体设备制造厂家及主要设备交付进度计划；潜在分包单位的能力、业绩及资质等情况。

（4）施工地区水陆交通运输条件及地方运输能力；地方材料的产地、产量、质量、价格及其供应方式；当地施工企业及制造加工企业可能提供服务的能力及技术状况；施工地区的地形、地物；施工水源、电源、通信的可能供给取方式、供给量及其质量情况等。

（5）地方生活物资的供应状况等。

（6）主要材料、设备的技术资料和供应状况；考虑租用的施工机械的技术资料和供应状况。

（7）当地政府部门颁发的与本工程有关的地方性法规及文件。

（8）同类型工程的施工组织设计及工程总结资料。

（9）其他需要搜集的资料。

二、火力发电工程施工组织设计的内容

1. 施工组织总设计

施工组织总设计依据初步设计、主要施工图、施工合同等进行编制，对项目工程做出全面安排。

（1）编制依据。

（2）工程概况。

（3）工程规模和施工项目划分及主要工程量。

（4）施工组织机构设置和人力资源计划。

（5）施工综合进度计划。

（6）施工总平面布置图及其文字说明。

（7）主要大型机械配备和布置以及主要施工机具配备清册。

（8）力能供应方式及系统布置（包括水、电、气、汽等）。

（9）主要施工方案和重大施工技术措施（包括主要交叉配合施工方案、重大起吊运输方案、关键性和季节性施工措施）。

（10）外委加工配制量与工厂化加工量划分及现场加工规模的确定。

（11）技术和物资供应计划，其中包括：

1）施工图纸交付进度。

2）物资供应计划（包括设备、原材料、半成品、加工及配制品）。

3）力能供应计划。

4）机械及主要工器具配备计划。

5）运输计划。

6）技术检验计划。

7）施工质量规划、目标和保证措施。

8）生产和生活临建设施的安排。

9）安全文明施工和职业健康及环境保护目标和管理。

10）降低成本和推广新技术、新工艺、新装备、新材料、新流程等主要计划和措施。

11）技术培训计划。

12）竣工后完成的技术总结初步清单。

2. 标段施工组织设计的内容

标段施工组织设计的内容参照施工组织总设计的内容编制。

3. 火力发电工程施工组织专业设计的内容

施工组织专业设计依据总设计、标段施工组织设计、技术合同、有关专业施工图和设备技术说明书编制，指导专业施工项目的施工。

专业设计一般分以下专业进行编写，即土建、锅炉、汽轮机、管道、电气、热控、焊接、保温、起重、加工配制等。凡总设计或者标段施工组织设计中已经明确并足以指导施工的内容，可不必重新编写。专业设计的内容一般包括：

（1）编制依据。

（2）工程概况。

1）专业施工项目规模、工程量（包括分包和外委加工量）。

2）专业施工项目设备及设计特点。

3）专业施工项目的主要施工工艺说明等。

（3）施工组织和人力资源计划。

（4）施工平面布置（总平面布置中有关部分的具体布置）和临时建筑布置。

（5）主要施工方案（措施）：

1）土石方开挖、特殊基础施工、主厂房框架、汽轮机基础施工、煤斗施工、预应力构件施工及吊装、烟囱施工、冷却塔施工、大型水工建筑及输卸煤系统施工等。

2）锅炉组合场布置和组件划分及组合吊装、保温、焊接工艺、水压试验、化学清洗和主要辅助设备安装等方案。

3）汽轮机安装、发电机定子运输起吊、发电机穿转子，主要辅助设备安装、油系统安装、高压管道安装和焊接与热处理、检验等方案。

4）大型变压器运输、就位、吊罩检查、大型电气设备干燥、新型母线施工、新型电缆头制作、新型电气设备安装、电子计算机及新型自动化装置安装、调整试验等方案。

5）特殊材料或部件加工制作工艺。

6）季节性施工技术措施。

（6）有关机组启动试运的特殊准备工作。

（7）技术及物资供应计划。

（8）专业施工项目综合进度安排和人力资源计划。

（9）保证工程质量、安全、文明施工、环境保护、降低成本和推广应用“五新”等主要技术措施。

（10）外委加工配制清册。

（11）工程竣工后完成的技术总结清单。

三、送变电工程施工组织设计的内容

施工组织设计纲要依据初步设计和招标文件编制，为施工布局做出总体安排，指导编制施工组织设计或施工组织措施计划。是投标书的主要内容之一。

施工组织设计依据初步设计、主要施工图、施工合同和施工组织设计纲要编制。为项目工程做出全面安排并指导施工。电压 330kV 及以上，或电压 220kV、长度 50km 及以上，或电压 110kV、长度 100km 及以上的送电工程和电压 220kV 及以上的新建或大规模改建的变电工程应编制施工组织设计。

上列规模以下的工程可编制施工组织措施计划。

(1)送变工程施工组织设计纲要除参照火电工程施工组织设计的内容编制外，送电线路工程还可包括：

1）送电线路路径特点。

2）基础、组塔、架线和接地等分部工程控制进度。

3）影响项目工程施工进度的主要因素分析和保证工期措施。

(2）变电站项目工程施工组织设计参照火电工程施工组织总设计的内容编制。

(3）送电线路项目工程施工组织设计的内容一般包括：

1）编制依据。

2）工程概况。包括线路路径和项目工程的设计概况及工程量，项目工程沿程地形、地质、地貌和气候条件、交叉跨越、公路交通和地方材料物资资源条件。

3）施工组织机构设置和人力资源计划。

4）总平面布置方案。

5）主要施工方案、措施。包括新型基础和铁塔施工及季节性施工措施。

6）特殊施工方案。包括桩基、特殊土方开挖、特殊地形和基础处理，特高型铁塔、大跨越、不停电跨越施工等。

7）分部工程进度和总工期进度计划。

8）影响施工进度的主要因素分析和保证工期主要措施。

9）工程资金使用计划。

10）施工指挥机构、施工队伍驻地选择和办公及生活后勤保障安排。

11）物资供应计划。包括设备、原材料的采购、堆放和保管方式，中转站布点，各塔位设备、原材料的运输和供给方式、平均运输半径和运输量的统计。

12）主要施工机械、机具配备清册。

13）施工质量规划、目标和保证措施。

14）安全、文明施工、职业健康和环境保护目标及保证措施。

15）采用“五新”和降低成本措施。

16）技术培训计划。

17）竣工后，完成的技术总结初步清单。

(4）送变电工程施工组织措施计划的内容可参照上述内容适当简化。

四、风电工程

1. 风电工程施工组织总设计编制的主要内容

风电工程施工组织总设计的内容一般包括：

（1）编制依据。

（2）工程概况。

（3）工程规模和施工项目及主要工程量。

（4）施工组织机构设置和人力资源计划。

（5）施工综合进度计划。

（6）施工总平面布置图及文字说明。

（7）主要大型施工机械配备和布置以及主要施工机具配备清册。

（8）施工力能供应（水、电、气、通信、消防、照明等）

（9）主要施工方案和季节性施工措施。

（10）技术和物资供应计划，其中包括：工程原材料、半成品、加工及配置品供应计划；设备交付计划；施工图纸交付进度；力能供应计划；施工机械及主要施工机具配备计划；运输计划等。

（11）技术检验计划。

（12）施工质量规划、目标和保证措施。

（13）生产和生活临建设施的安排。

（14）安全文明施工和职业健康及环境保护目标和管理。

（15）降低成本和推广应用“五新”（新技术、新工艺、新材料、新装备、新流程）等主要计划和措施。

（16）技术培训计划。

（17）竣工后完成的技术总结初步清单。

2. 风电工程施工组织设计单位工程的内容

施工组织设计单位工程包括：风力发电机组基础、风力发电机组设备安装、集电系统、升压站、房屋建筑等单位工程。凡总设计中已经明确并足以指导施工的内容，可不必重新编写。施工组织设计单位工程的内容一般包括：

（1）编制依据。

（2）工程概况。

1）单位工程项目的规模、工程量。

2）单位工程项目设备及设计特点。

3）单位工程项目的主要施工工艺说明等。

（3）施工组织和人力资源计划。

（4）施工平面布置（总平面布置中有关部分的具体布置）和临时建筑布置。

（5）主要施工方案措施（包括季节性施工技术措施）。

（6）技术和物资供应计划。

（7）单位工程的综合进度安排。

（8）保证工程质量、安全、文明施工、环境保护、降低成本和推广应用“五新”等主要技术措施。

（9）外部委托加工配置清册。

（10）工程竣工后的技术总结清单。

五、水利水电工程

1. 初步设计阶段

水利水电工程施工组织设计文件的内容一般包括：施工条件，施工导流，料场的选择与开采，主体工程施工，施工交通运输，施工工厂设施，施工总布置，施工总进度，主要技术供应及附图十个方面。

2. 工程投标和施工阶段

施工单位编制的施工组织设计应当包括下列主要内容：

（1）工程任务情况及施工条件分析。

（2）施工总方案、主要施工方法、工程施工进度计划、主要单位工程综合进度计划和施工力量、机具及部署。

（3）施工组织技术措施，包括工程质量、施工进度、安全防护、文明施工以及环境污染防治等各种措施。

（4）施工总平面布置图。

（5）总包和分包的分工范围及交叉施工部署等。

第三节 编审与贯彻

一、施工组织设计的编审

（1）施工组织总设计应由建设单位组织各参建单位编制，由建设单位技术负责人审批。

（2）标段施工组织设计由施工单位依据施工组织总设计编制，由施工单位技术负责人审批。

（3）专业施工组织设计由各施工单位专业工地依据标段施工组织设计编制，由各施工单位项目技术负责人审批。

（4）施工组织设计一经批准，施工单位和工程各相关的单位应认真贯彻实施，未经审批不得修改。凡涉及增加临建面积，提高建筑标准、扩大施工用地、修改重大施工方案、降低质量目标等主要原则的重大变更，须履行原审批手续。

二、施工组织设计的交底

经过审核批准的施工组织设计，项目部应组织有关人员进行交底。交底内容包括讲解施工组织设计的内容、要求，施工的关键问题及保证措施，使各有关人员对施工组织设计有一个全面的了解，交底过程应进行记录。

三、施工组织设计的检查

在施工组织设计的实施过程中应进行中间检查。一般应在工程施工初期和中期各检查一次。检查的内容可包括工程进度、工程质量、材料消耗、机械使用与成本费用等。对检查中发现的问题，应及时进行原因分析，并进行改正，施工组织设计的中间检查记录可采用表 2–1 的格式。

表 2–1　　施工组织设计中间检查表

工程名称		施工组织设计名称	
施工单位		开工日期	
序号	检查项目	检查标准	检查记录
1	总体内容	无缺项、无漏项	
2	项目划分	项目齐全、划分合理，能促进施工、改进管理	
3	施工方法	符合实际情况，具有科学性和先进性	
4	大型施工机械选择	选择合理，台班及吊次合理	
5	施工总平面布置	平面布置合理，符合安全、环保、卫生等要求	
6	施工用水、用电方案	有计算书、设计图纸，措施得力	
7	质量、安全措施	措施得力，针对性强	
8	季节性施工方案	对冬、雨季施工有明确的规定和要求	

续表

序号	检查项目	检查标准	检查记录
9	材料管理	措施得力，责任到人	
10	质量管理体系	质量管理体系运转正常	
11	施工组织设计交底	应层层交底，有交底记录	
12	技术节约措施	措施明确，内容齐全	
13	方案变更	手续齐全，保存完整，有审批手续	
审核签字/日期		检查签字/日期	

施工组织设计的贯彻、检查与调整应是一项经常性的工作，贯穿于拟建工程的施工全过程。

第三章 工程质量管理

第一节 质量检验的目的、作用及依据

反映实体满足明确或隐含需要的能力的特性总和称为质量。这需要通常用一组定量或定性的要求来表达，称为质量要求。实体达到各项质量要求的状况称质量特性。质量特性通常归纳为内在特性、外在特性、经济特性三方面。内在特性：结构性能、物理性能、化学成分、可靠性、安全性等。外在特性：外观、形状、手感、口感、气味、味道、包装等。经济特性：成本、价格、全寿命费用等。对实体的一个或多个质量特性进行的诸如测量、检查、试验或度量并将结果与规定质量要求进行比较，以确定每项质量特性符合规定质量标准要求情况所进行的活动称为质量检验。符合规定要求的称为合格，不符合规定要求的称为不合格。

一、质量检验的目的

电力建设工程质量检验，就是采用一定的方法和手段以技术方法的形式，对电力建设工程的分项、分部和单位工程的施工质量进行检测，并根据检测结果按照国家或行业颁布的现行《电力建设施工技术规范》和《电力建设工程质量验收及评价规程》的有关规定，检验出不合格的分项工程，以便及时进行处理，达到技术标准规定的合格标准，二是对电力建设工程的最终产品——单位工程的质量进行把关，向用户移交符合质量标准的产品。

二、质量检验评定的作用

企业质量检验是企业对内外质量保证的重要手段，是企业质量体系要素之一，主要起以下四个方面作用。

1. 评价作用

企业质量检验根据有关法规和技术标准进行检验，并将检测结果与标准对比，作出合格或不合格的判断，或对产品质量水平进行评价，以指导生产、商品交换和企业经济活动。

2. 把关作用

检验人员通过对原材料、半成品、成品的检验，鉴别、分选、剔除不合格品，并决定该产品是否接收放行，严格把住每一个环节的质量关，做到：不合格的产品不出厂、销售；假冒、次劣产品不进入市场销售。同时，通过检验，对合格品签发产品合格证，也是对内（原材料和半成品）和对外（成品）的一种质量保证。

3. 预防作用

通过入厂检验、首件检验、巡回检验和抽样检验，及早发现并排除原材料、外购件、外协件、半成品中不合格品，以预防不合格品流入下道工序，造成更大的损失。同时，通过对生产过程中质量检验，掌握质量动态，为质量控制提供依据，及时发现质量问题，以预防和减少不合格品的产生，防止大批产品报废的质量事故。

4. 信息反馈作用

通过质量检验，搜集数据，发现不符合标准的质量问题与现场质量波动情况，及时做好记录，进行统计、分析和评价并及时报告企业管理者，反馈给生产、工艺、设计等职能部门，以便采取相应措施，改进和提高产品质量。

三、质量检验评定的依据

电力建筑安装工程质量检验评定标准是依据《建筑工程施工质量验收统一标准》（GB 50300—2013）、《建筑电气安装工程质量验收规范》（GB 50303—2015）、《混凝土强度检验评定标准》（GB/T 50107—2010）、《建筑防腐蚀工程质量验收规范》（GB 50224—2010）和电力行业标准《电力建设施工质量验收及评价规程第 1 部分：土建工程》（DL/T 5210.1—2012）、《电力建设施工质量验收及评价规程第 2 部分：锅炉机组》（DL/T 5210.2—2009）、《电力建设施工质量验收及评价规程第 3 部分：汽轮发电机组》（DL/T 5210.3—2009）、《电力建设施工质量验收及评价规程第 4 部分：热工仪表及热控装置》（DL/T 5210.4—2009）、《电力建设施工质量验收及评价规程第 5 部分：管道及系统》（DL/T 5210.5—2009）、《电力建设施工质量验收及评价规程第 7 部分：焊接》（DL/T 5210.7—2010）、《电力建设施工质量验收及评价规程第 6 部分：水处理及制氢设备和系统》（DL/T 5210.6—2009）、《电力建设施工质量验收及评价规程第 8 部分：加工配置》（DL/T 5210.8—2009）及《电气装置安装工程　质量检验及评定规程》（DL/T 5161.1～17—2002）、《火

力发电建设工程启动试运及验收规程》（DL/T 5437—2009）等标准中的各项规定严格执行的。

第二节　施工质量验收

一、工程质量检查和验收的方式

电力建设工程质量实行三级检查验收。

（1）工程质量检查和验收分为班组自检、施工处复查和项目工地验收三级。

班组自检：施工人员施工后应立即检查，发现问题即行处理，不合格不交工；同时做好自检记录，在完工时交施工处复查。原始记录可由班组技术员协助整理。

施工处复查：施工处对班组提交的自检记录进行复查（抽查或全查），经确认无误后报项目工地质量检验部门会同建设单位验收。

项目工地验收：项目工地验收分为项目验收和隐蔽工程检查两类，由项目工地会同建设单位进行。

1）项目验收：分项工程竣工或关键工序、重要项目施工后由施工处提出自检记录，报项目工地质量检验部门验收

2）隐蔽工程检查：隐蔽工程经施工处自检合格后将记录报项目工地质量检验部门会同建设单位验收。工程验收合格并签证后方可进行下道工序作业。

（2）三级检查验收项目的划分由施工单位制定。

（3）多工种接续施工的工程应进行工序交接检查，上道工序不合格，下道工序有权拒绝继续施工。

（4）由总包单位分包出去的工程，分包项目的质量检查验收工作由总包单位组织。由建设单位向一个以上承包单位发包的工程，各单位质量验收之间的协调工作由建设单位组织。

其他项目的检查验收规定如下：

（1）凡列入计划的大型临时工程竣工后，由负责施工的施工处自检合格后报请验收，由施工处和项目工地质量检验部门共同检查，经验收合格后共同签证，然后移交使用单位。

（2）加工配制品的质量由加工配制单位（部门）做出厂检验，经检验合格后方可出厂，经使用部门检查验收合格后，方可用于工程中。加工配制单位（部门）应同时提交合格证和技术记录等资料。大型加工配制项目的验收工作项目工地质

量检验部门应派人参加监督。

二、施工过程质量验收的内容

施工过程的质量验收包括以下验收环节，通过验收后留下完整的质量验收记录和资料，为工程项目竣工质量验收提供依据。

所谓检验批是指按同一的生产条件或按规定的方式汇总起来供检验用的，由一定数量样本组成的检验体。

观感质量是对一些不便用数据表示的布局、表面、色泽、整体协调性、局部做法及使用的方便性等质量项目，由有资格的人员通过目测、体验或辅以必要的量测，根据检查项目的总体情况，综合对其质量项目给出的评价。

返工是指对不合格的工程部位采取的重新制作、重新施工等措施。

返修是指对工程不符合标准规定的部位采取整修等措施。

让步是指对使用或放行不符合规定要求过程结果的许可。

主控项目是工程中对工程质量、功能、性能、可靠性、安全卫生、环境保护和公众利益起决定性作用的检验项目。

一般项目是除主控项目以外的检验项目。

《电力建设施工质量验收及评价规程》（DL/T 5210—2012）表 4.2.1 与工程实际检验项目不符，施工单位可根据工程实际对该表中的验收项目进行增加或删减。为了全行业统一，且便于核查，本条规定增加或删减的项目，在施工质量验收范围中的工程编号，可续编、缺号，但不得变更原编号。同时还规定施工质量验收范围划分表，应经监理单位进行审核，建设单位确认后，施工、监理及建设单位三方签字、盖章批准执行。

火力发电工程施工质量验收应分别按检验批、分项、分部及单位工程进行。施工质量验收只设“合格”质量等级。

《电力建设施工质量验收及评价规程》（DL/T 5210—2012）规定：

（1）工程施工质量应由表 4.2.1 中规定的验收单位进行验收。检验批、分项工程、分部工程的验收，当有监理单位参加时应由监理单位组织，相关单位参加；单位工程的验收应由建设单位组织，相关单位参加。设计单位和制造单位应按表 4.2.1 的规定参加相关项目验收。各级质检人员应持有与所验收专业一致的资格证书，资格证书应在有效期内。

（2）各级质检人员进行工程质量检查、验收，除应严格执行《电力建设施工质量验收及评价规程》（DL/T 5210—2012）规定外，尚应按相关的现行国家标准、

行业标准、合同约定、设计文件及制造技术文件执行，并应对验收结果负责。

（3）施工项目必须施工完毕方可进行质量验收。对施工质量进行验收，施工单位应自检合格，且自检记录齐全，方可报工程监理、建设单位进行质量验收。

（4）隐蔽工程应在隐蔽前由施工单位通知监理及有关单位进行见证验收，并应完成验收记录及签证。

（5）单位工程的观感质量应由质检人员通过目测、体验或辅以必要的量测，并根据检查项目的总体情况进行验收签证。

（6）工程施工质量的检查、验收应执行《电力建设施工质量验收及评价规程》（DL/T 5210—2012）第4章中的规定，按检验批、分项工程、分部工程和单位工程依次进行；一个单位工程由多个施工单位分段施工时，可设子单位工程。子单位工程编号在原单位工程编号后加英文字母区分。

（7）施工质量验收应符合下列规定：检验批项目验收合格，方可对分项工程进行验收；分项工程验收合格，方可对分部工程进行验收；分部工程验收合格，方可对单位工程进行验收。

（8）检验批、分项、分部、单位工程施工质量验收“合格”应符合下列规定：

1）按各检验批或分项工程的规定，对其检验项目进行全部检查，检查结果符合质量标准，该检验批或分项工程质量验收合格。

2）分项工程所含各检验批的验收项目全部合格、分项工程资料齐全，该分项工程质量验收合格。

3）分部工程所含分项工程质量验收全部合格、分部工程资料齐全，该分部工程质量验收合格。

4）单位工程所含分部工程质量验收全部合格、单位工程资料齐全并符合档案管理规范，该单位工程质量验收合格。

三、施工过程质量验收不合格的处理

（1）当工程施工质量出现不符合时，应进行登记备案，并按下列规定处理：

1）经返工重做或更换器具、设备的检验项目应重新进行验收。

2）经返修处理能满足安全使用功能的检验项目可按技术处理方案和协商文件进行验收。

3）无法返工或返修不合格的检验项目应经鉴定机构或相关单位进行鉴定，对不影响内在质量、使用寿命、使用功能和安全运行可做让步处理。经让步处理的项目不再进行二次验收，但应在“验收结果”栏内注明，其书面报告应附在该验收表后。

（2）检验批、分项工程施工质量有下列情况之一者，不应进行验收：

1）主控检验项目的检验结果没有达到质量标准。

2）设计及制造厂对质量标准有数据要求，而检验结果栏中没填实测数据。

3）质量验收文件不符合档案管理规范。

（3）因设计或设备制造原因造成的质量问题，应由设计或设备制造单位负责处理。当委托施工单位现场处理，也无法使个别非主控项目完全满足标准要求时，经建设单位会同设计单位、制造单位、监理单位和施工单位共同书面确认签字后，可做让步处理。经让步处理的项目不再进行二次验收。但应在“验收结果”栏内注明，书面报告应附在该验收表后。

第三节 火电机组与输变电工程的达标投产

一、《火电工程达标投产验收规程》（DL 5277—2012）简介

火电工程达标投产验收是指采取量化指标比照和综合检验相结合的方式，对工程建设程序的合规性、全过程质量控制的有效性及机组投产后的整体工程质量符合性验收。

1. 规程的适用范围及火电机组（工程）达标投产检查验收范围

（1）规程的适用范围：新建、扩建的火电工程和核电常规岛工程。

（2）火电机组（工程）达标投产检查验收范围：

1）工程建设程序的合规性。

2）全过程质量控制的有效性。

3）机组投产后的整体工程质量。

2. 基本规定

（1）工程开工前，建设单位应制定达标投产规划。

（2）工程合同中明确达标投产要求。

（3）组织参建单位编制达标投产实施细则。

（4）在建设过程中组织实施。

（5）达标投产验收分为初验和复验两个阶段。

3. 达标投产检查验收方法、达标投产实施原则

（1）达标投产检查验收方法。采取量化指标比照和综合检验相结合的方式进

行质量符合性验收。

（2）达标投产实施原则：

1）事前策划。

2）进行全过程质量控制的。

3）政府部门监督。

4）建设单位监管。

5）监理单位监查。

6）勘测设计和施工单位监控。

4. 初验

初验以单台机组为单位进行，同期建设多台机组，公用部分纳入首台机组进行，初验应在机组整套启动前进行。

（1）初验应具备的条件：

1）单台机组土建、安装单位工程施工质量验收合格。

2）主要单体及分系统试运项目完成。

3）安全、消防、环保等符合《火力发电建设工程启动试运及验收规程》(DL/T 5437）规定。

4）项目文件齐全、完整、准确。

5）初验由建设单位负责。

6）监理、设计、施工、调试及生产运行等单位参加。

（2）初验检查按下列七部分检查验收表的内容逐条检查：

1）职业健康安全与环境管理。

2）土建工程质量。

3）锅炉机组工程质量。

4）汽轮发电机组工程质量。

5）电气、热工仪表及控制装置质量。

6）调整试验、性能试验和主要技术指标。

7）工程综合管理与档案。

（3）初验通过的条件：

1）检查验收表中的“验收结果”不得存在不符合项。

2）检查验收表中“主控”项的基本符合率不大于 10%（基本符合是指能满足安全、使用功能，实物及项目文件质量存在少量瑕疵，尺寸偏差不超过 1.5%，限值不超过 1%）。

3）“一般”项的基本符合率不大于15%。

4）强制性条文的“验收结果”应全部“符合”。

5）初验不具备条件的“检验内容”可在复验时进行。

（4）不符合项及基本符合项的处理：

1）由建设单位组织，监理及责任单位参加分析原因。

2）提出整改计划，落实责任单位。

3）对整改问题逐项检查、验收、签证。

（5）无法返工或返修问题的处理：

1）应经相关鉴定机构进行鉴定。

2）不影响使用寿命、使用功能、安全运行的可做让步处理。

3）在“验收结果”栏内注明“让步处理”。

（6）初验结束后，验收单位编制初验报告，并附下列项目文件：

1）七个部分的检查验收表。

2）各部分强制性条文检查验收结果表。

3）让步处理报告。

（7）未通过初验的机组不得进行整套启动试运。

5. 复验

复验可按单台或多台同时进行申请，多台申请时，应逐台进行复验，公用部分纳入首台投产的机组复验，与后续投产机组配套的公用系统与后续投产机组同步复验，复验应在机组移交生产后12个月内及机组性能试验项目全部完成后进行。

（1）复验应具备的条件：

1）工程项目按设计全部建成。

2）机组性能试验项目全部完成。

3）初验发现的问题已整改闭环。

4）配套的环保工程已正常投入运行。

5）全过程项目文件整理已完成并移交归档。

6）质量监督各阶段报告中不符合项已闭环。

7）环境保护、水土保持、安全设施、消防设施、职业卫生和档案等已具备专项验收条件。

8）竣工决算已完成，并具备审计条件。

9）机组处于正常运行状态。

（2）复验申请及验收：

1）建设单位首先向复验单位报复验申请表，复验申请表包括下列内容：

a. 初验报告。

b. 初验七个部分的检查验收表。

c. 初验七个部分的强制性条文检查验收结果表。

d. 让步处理报告。

e. 初验检查验收“存在问题”整改闭环签证单。

复验单位应是上级发电集团公司或全国性电力行业协会，复验组织由建设单位负责，监理、设计、施工、调试、运行等单位参加。

2）复验通过的条件：

a. 工程建设符合国家现行有关法律、法规及标准规定。

b. 工程质量无违反强制性条文的事实。

c. 未使用国家明令禁止的技术、材料和设备。

d. 工程在建设期及考核期内，未发生较大及以上安全、环境、质量责任事故和重大社会影响事件。

e.“验收结果”不存在不符合项。

f. 检查验收表中，“主控”项基本符合率不大于5%。

g.“一般”项的基本符合率不大于10%。

3）初验和复验中所遇到具体问题的处理：

a. 初验时不具备检查验收条件的“检验内容”可在复验时进行。

b. 工程无七部分所列的个别检查验收项时，不进行验收。

c. 职业健康安全与环境管理、土建工程质量、锅炉机组工程质量、汽轮发电机组工程质量、电气和热工仪表及控制装置质量、调整试验与性能试验和主要技术指标、工程综合管理与档案检查验收表中“检验内容”的性质，除标注“主控”外，其余均为“一般”项。

6. 初验、复验七个部分检查验收技术内容简介

（1）职业健康安全与环境管理的检查验收，检验项目18个，内容包括：组织机构、安全管理、规章制度、安全目标与方案措施、工程发包、分包与劳务用工、环境管理、安全设施、施工用电与临时接地、脚手架、特种设备、危险品保管、全厂消防、边坡及洞室施工安全、劳动保护、灾害预防及应急预案、防洪度汛、调试和运行及事故、调查处理项目。

该部分共有主控项目58个，一般项目44个。直接涉及人民生命财产安全的强制性条文15款，必须严格执行。

（2）土建工程质量检查验收。实体质量检验项目20个，包括地基基础和结构稳定性、耐久性、测量控制点、沉降观测点、混凝土工程、钢结构工程、压型钢板围护、网架结构及平台栏杆、砌体工程、装饰装修、屋面及防水工程等。

该部分项目文件检验项目5个，“检验内容”的性质中主控项目58个，一般项目106个，直接涉及人民生命财产安全、人身健康的强制性条文8款，必须严格执行。

（3）锅炉机组工程质量检查验收。实体质量检验项目21个，包括钢结构、受热面设备、烟风煤系统、附属机械、输煤系统、燃油设备及管道、除尘装置、除灰装置、除渣装置、脱硫装置等，其中将循环流化床锅炉作为一个独立的检验项目列入。

该项目项目文件检验项目5个，主控项目共有55个，一般项目92个，直接涉及人民生命财产安全和其他公众利益的强制性条文9款，必须严格执行。

（4）汽轮发电机组工程质量检查验收。实体质量检验项目24个，包括汽轮机本体、发电机、励磁装置、直接空冷系统、凝汽器、高压加热器、低压加热器、除氧器、给水泵组、海水淡化、化学水处理、凝结水精处理系统及废水处理系统，其中将燃气轮机作为一个独立的检验项目列入。项目文件检验项目5个，主控项目共有52个，一般项目99个，直接涉及人民生命财产安全、节能、环境保护和其他公众利益强制性条文7款，必须严格执行。

（5）电气、热工仪表及控制装置质量检查验收。实体质量检验项目20个，包括仪表检定、电缆防火、变压器、电抗器、高压电器、蓄电池、接地装置、热控装置及仪表、取源部件、执行机构（阀门）等。项目文件检验项目5个，主控项目共有36个，一般项目123个，直接涉及人民生命财产安全必须严格执行的强制性条文11款，必须严格执行。

（6）调整试验、性能试验和主要技术指标检查验收。实体质量检验项目9个，包括锅炉化学清洗、蒸汽吹管、分部试运、整套启动试运、考核期技术指标、机组性能试验指标、脱硫装置性能指标、脱硝装置性能指标及机组调试报告等。

由于试验条件、试验过程及试验所采用的仪器仪表等内容直接关系到试验的有效性、准确性及试验结论，报告必须交代清楚，因此将机组调试报告列入到实体质量检验项目中。

项目文件检验项目5个，主控项目共有71个，一般项目137个，直接涉及人民生命财产安全、节水及环境保护和其他公众利益的强制性条文5款，必须严格执行。

（7）在工程综合管理与档案检查验收时，只核查文件的完整性及系统性。

7. 达标投产验收结论与审核及未通过复验的机组（工程）的处理

（1）达标投产现场检查后复验组应按规定内容编制达标投产复验报告，并附下列项目文件：

1）职业健康安全与环境管理、土建工程质量、锅炉机组工程质量、汽轮发电机组工程质量、电气、热工仪表及控制装置质量、调整试验、性能试验和主要技术指标、工程综合管理与档案的检查验收表。

2）职业健康安全与环境管理、土建工程质量、锅炉机组工程质量、汽轮发电机组工程质量、电气、热工仪表及控制装置质量、调整试验、性能试验和主要技术指标、工程综合管理与档案强制性条文检查验收结果表。

3）主要经济技术指标表。

4）让步处理报告。

5）初验存在问题“整改签证单”。

复验单位应对复验报告及所附项目文件进行审核，审核通过后以公文形式批准机组（工程）通过达标投产验收。

（2）未通过复验的机组（工程）的处理：

1）现场复验组应提出存在的问题清单。

2）建设单位应组织各参建单位分析原因、制订整改计划。

3）建设单位应落实责任单位和具体整改措施。整改闭环后，重新申请复验。

4）经原复验单位验收后，仍可通过达标投产验收。

二、《输变电工程达标投产验收规程》（DL 5279—2012）简介

输变电工程达标投产验收是指采取量化指标比照和综合检验相结合的方式，对工程建设程序的合规性、全过程质量控制的有效性以及投产后的整体工程质量符合性验收。

输变电工程达标投产分为初验和复验两个阶段，输变电工程达标投产验收以核准的同期建设项目为单位，同期核准的输电工程、变电工程项目可合并进行验收。

1. 规程的适用范围

规程的适用范围是新建、扩建的输变电工程。

2. 初验和复验的检查内容

（1）变电站、开关站与换流站。

1）职业健康安全与环境管理。

2）变电站、开关站与换流站建筑工程质量。

3）变电站、开关站与换流站电气安装工程质量。

4）变电站、开关站与换流站交流场电气调试与技术指标。

5）换流站直流场电气调试与技术指标。

6）工程综合管理与档案管理。

（2）架空电力线路与接地极工程。

1）职业健康安全与环境管理。

2）架空电力线路与接地极工程质量。

3）工程综合管理与档案管理。

（3）电缆线路工程。

1）职业健康安全与环境管理。

2）电缆线路工程质量。

3）工程综合管理与档案管理。

3. 初验

（1）初验应具备的条件。

1）工程项目已全部完成，施工质量验收合格。

2）安全、消防、环保等设施满足启动运行有关规定。

3）项目资料应完整、齐全、准确。

（2）初验通过的条件。

1）检查验收表中“验收结果”不得存在不符合项。

2）检查验收表中，性质为“主控”的“验收结果”基本符合率应不大于10%（基本符合是指能满足安全、使用功能，实物及项目文件质量存在少量瑕疵，尺寸偏差不超过1.5%，限值不超过1%）。

3）检查验收表中，性质为“一般”的“验收结果”基本符合率应不大于15%。

4）本规程规定的强制性条文“验收结果”应全部符合。

4. 复验

（1）复验应具备的条件。

1）工程项目按设计要求全部建成。

2）全部试验项目完成。

3）初验发现的问题已经全部关闭。

4）配套的环保工程、安全设施已正常投入。

5）工程建设全过程项目文件整理工作已完成，并移交归档。

6）各阶段质量监督检查报告的不符合项已经全部完成整改。

7）环境保护、水土保持、安全设施、消防设施、职业卫生和档案等已经具备专项验收条件。

8）竣工决算完成，并具备审计条件。

9）工程处于正常运行状态。

（2）复验通过的条件。

1）工程建设符合国家现行有关法律、法规及标准规定。

2）工程质量无违反强制性条文的事实。

3）未使用国家明令禁止的技术、材料和设备。

4）工程在建设期及考核期内，未发生较大及以上安全、环境、质量责任事故和重大社会影响事件。

5）"验收结果"不存在不符合项。

6）检查验收表中，"主控"项基本符合率不大于 5%。

7）"一般"项的基本符合率不大于 10%。

8）本规程规定的工程建设强制性条文的验收结果必须全部符合。

达标投产验收结论与审核及未通过复验的工程的处理与火电工程的相同。

三、实现达标投产的措施

工程质量是实现达标投产的关键，工程质量的事前控制，要从人、机、料、法、环等几个环节上着手，只有这几个关键点做好了事前控制，才能保证工程质量始终处于受控状态，才能保证工程的顺利进行。

人是资源。焊工、探伤、理化检验人员必须持证上岗，他们是保证工程质量的关键，电厂的建设很大一部分是焊接工作，因此加强对焊工的资质控制是保证当前工程质量的关键，各相关岗位和工种必须配备有相关资质的人，才能保证有足够资源来完成任务。

机是配备足够的机械，充分利用一切可以利用的机械，才能更有效地提高劳动效率和劳动生产率，所以在使用机械上要统筹安排，充分利用机械的有效作业时间，因此要在机械使用上做好工作。

料是要从基础工作做起，保证所使用的材料和设备是合格的，这就要从采购和设备供应上把关，保证供货商是有资质、有信誉的，同时还要把好进货检验关。

法是方法、工艺，施工中必须严格按照一定的施工工序，工艺流程去施工，否则就必然会造成返工或质量问题。

环是环境。在工作中要创造良好的工作环境，确保文明施工，同时因施工对环境有污染的工序要做好控制措施。

第四节 工程质量奖

为贯彻“百年大计、质量第一”的方针，落实国家《质量振兴纲要》和《建设工程质量管理条例》，促进建筑施工企业加强质量管理，推动我国建设工程质量水平的提高，中国建筑业协会在全行业开展创建国家优质工程评选活动，奖名定为中国建筑工程鲁班奖（国家优质工程）（以下称鲁班奖），中国施工企业管理协会设立了国家优质工程奖，电力行业也开展了电力建设优质工程评选活动，各省设立了省优质工程奖等。

一、中国建筑工程鲁班奖（国家优质工程）（以下称鲁班奖）

鲁班奖是我国建筑行业工程质量的最高荣誉奖。鲁班奖的评选对象为我国建筑施工企业在我国境内承包，已经建成并投入使用的各类工程，获奖单位分为主要承建单位和主要参建单位。鲁班奖的评选工作由中国建筑业协会组织实施。

鲁班奖工程由我国建筑施工企业自愿申报，经省、自治区、直辖市建筑业协会和国务院有关部门（总公司）建设协会择优推荐后进行评选，质量应达到国内一流水平。

鲁班奖每年评选一次，获奖工程数额为 80 个。获奖工程的类别［见《中国建筑工程鲁班奖（国优）评选办法》］原则上按下述比例掌握：公共建筑工程占获奖总数的 45%；工业、交通、水利工程占获奖总数的 35%；住宅工程占获奖总数的 12%；市政、园林工程占获奖总数的 8%。

1. 评选工程范围

（1）评选鲁班奖的工程，必须是符合基本建设程序，并已建成投产或使用的新建工程。主要包括：

1）工业建设项目（包括土建和设备安装）。工程规模应符合《中国建筑工程鲁班奖（国优）评选办法》的规定，其中电力工程为装机容量为 300MW 以上的发电厂。

2）交通工程。工程规模应符合《中国建筑工程鲁班奖（国优）评选办法》的规定。

3）水利工程。工程规模为库容量在 1 亿 m^3 以上（含）水库的主体工程。

4）公共建筑和市政、园林工程。工程规模应符合《中国建筑工程鲁班奖（国优）评选办法》的规定。

5）住宅工程（包括住宅小区和高层住宅）。工程规模应符合下列要求：

a. 建筑面积 5 万 m^2 以上（含）的住宅小区或住宅小区组团。

b. 非住宅小区内的建筑面积为 2 万 m^2 以上（含）的单体高层住宅。

（2）下列工程不列入评选工程范围：

1）我国建筑施工企业承建的境外工程。

2）境外企业在我国境内承包并进行施工管理的工程。

3）竣工后被隐蔽难以检查的工程。

4）保密工程。

5）有质量隐患的工程。

6）已经参加过鲁班奖评选而未被评选上的工程。

2. 申报条件

（1）中国建筑业协会每年根据各省、自治区、直辖市和国务院各有关部门（总公司）的竣工工程数量及完成固定资产投资情况，确定各省、自治区、直辖市和各有关部门（总公司）鲁班奖的参评工程数量。

（2）申报鲁班奖的工程应具备以下条件：

1）工程设计合理、先进，符合国家和行业设计标准、规范。建在城市规划区内的工程必须符合城市规划。

2）工程施工符合国家和行业施工技术规范及有关技术标准要求，质量（包括土建和设备安装）优良，达到国内同类型工程先进水平。

3）建设单位已经对工程进行验收。

4）工程竣工后经过一年以上的使用检验，没有发现质量问题和隐患。

5）工业、交通工程除符合以上各款条件外，其各项技术和经济效益指标应达到本专业国内先进水平。

6）住宅小区工程除符合以上要求外，还应具备以下条件：

a. 小区总体设计符合城市规划和环境保护等有关标准、规定的要求。

b. 公共配套设施均已建成。

c. 所有单位工程质量全部达到优良。

7）住宅工程应达到基本入住条件，且入住率在 40%以上。

（3）申报鲁班奖的主要承建单位，应具备以下条件：

1）在以安装工程为主体的工业建设项目中，承担了主要生产设备和管线、仪器、仪表的安装；在以土建工程为主体的工业建设项目中，承担主厂房和其他与生产相关的主要建筑物、构筑物的施工。

2）在交通、水利、市政和园林工程中，承担了主体工程和工程主要部位的施工。

3）在公共建筑和住宅工程中，承担了主体结构和部分装修装饰的施工。

（4）一项工程允许有三家建筑施工企业申请作为鲁班奖的主要参建单位。主要参建单位应具备以下条件：

1）与总承包企业签订了分包合同。

2）完成的工作量占工程总量的10%以上。

3）完成的单位工程或分部工程的质量全部达到优良。

（5）两家以上建筑施工企业联合承包一项工程，并签订有联合承包合同，可以联合申报鲁班奖。住宅小区或小区组团如果由多家建筑施工企业共同完成，应由完成工作量最多的企业申报。如果多家企业完成的工作量相同，可由小区开发单位申报。

（6）一家建筑施工企业在一年内只可申报一项鲁班奖工程。

（7）发生过重大质量事故，受到省、部级主管部门通报批评或资质降级处罚的建筑施工企业，三年内不允许申报鲁班奖。

3. 申报程序

（1）地方建筑施工企业向所属省、自治区、直辖市建筑业协会申报；国务院各有关部门（总公司）所属建筑施工企业向其主管部门建设协会申报；未成立协会的，可向该主管部门的有关司（局）申报。

（2）申报鲁班奖的主要参建单位，由主要承建单位一同申报。

（3）国务院各有关部门（总公司）所属建筑施工企业申报的工程，应征求工程所在省、自治区、直辖市建筑业协会的意见；地方建筑施工企业申报的专业性工程（包括市政工程），应征求国务院有关部门或专业协会的意见。

（4）各省、自治区、直辖市建筑业协会和国务院各有关部门建设协会依据《中国建筑工程鲁班奖（国优）评选办法》对企业申报鲁班奖的有关资料进行审查（包括有无主要参建单位），并在鲁班奖申报表中签署对工程质量的具体评价意见，加盖公章，正式向中国建筑业协会推荐。推荐两项以上（含）工程时，应在有关文件中注明被推荐工程的次序。

（5）对于被征求意见的有关省、自治区、直辖市建筑业协会或国务院有关部门（总公司）建设协会，应在鲁班奖申报表中相应栏内签署对工程质量的具体意

见，并加盖公章。

（6）中国建筑业协会依据《中国建筑工程鲁班奖（国优）评选办法》对被推荐工程的申报资料进行初审，并将没有通过初审的工程告知推荐单位。

4. 申报资料的内容和要求

（1）内容：

1）申报资料总目录，并注明各种资料的份数。

2）鲁班奖申报表一式两份。

3）工程项目计划任务书的复印件1份。

4）工程设计水平合理、先进的证明文件（原件）或证书复印件1份。

5）工程概况和施工质量情况的文字资料一式两份。

6）评选为省、部级优质工程或省、部范围内质量最优工程的证件复印件1份。

7）工程竣工验收资料复印件1份；总承包合同或施工合同书复印件1份。

8）主要参建单位的分包合同和主要分部工程质量等级核验资料复印件各1份。

9）反映工程概貌并附文字说明的工程各部位彩照和反转片各20张。

10）有解说词的工程录像带一盒（或多媒体光盘）。

（2）要求：

1）必须使用由中国建筑业协会统一印制的《鲁班奖申报表》，复印的《鲁班奖申报表》无效。表内签署意见的各栏，必须写明对工程质量的具体评价意见。对未签署具体评价意见的，视为无效。

2）申报资料中提供的文件、证明和印章等必须清晰，容易辨认。

3）申报资料必须准确、真实，并涵盖所申报工程的全部内容。资料中涉及建设地点、投资规模、建筑面积、结构类型、质量评定、工程性质和用途等数据和文字必须与工程一致。如有差异，要有相应的变更手续和文件说明。

4）工程录像带的内容应包括：工程全貌，工程竣工后的各主要功能部位，工程施工中的基坑开挖、基础施工、结构施工、门窗安装、屋面防水、管线敷设、设备安装、室内外装修的质量水平介绍，以及能反映主要施工方法和体现新技术、新工艺、新材料、新设备的措施等。

5. 工程复查

（1）被推荐工程经初审合格后进行现场复查。根据工程类别和数量，组织若干个复查小组。复查小组由专业技术人员4～5人组成，被查工程所属地区建筑业协会或部门建设协会选派 1 人配合工作。

（2）工程复查的内容和要求：

1）听取承建单位对工程施工和质量的情况介绍。主要介绍工程特点、难点，施工技术及质量保证措施，各分部分项工程质量水平和质量评定结果。

2）实地查验工程质量水平。凡是复查小组要求查看的工程内容和部位，都必须予以满足，不得以任何理由回避或拒绝。

3）听取使用单位对工程质量的评价意见。复查小组与使用单位座谈时，主要承建单位和主要参建单位的有关人员应当回避。

4）查阅工程有关的内业资料：

a. 立项审批资料，包括工程立项报告，有关部门的审批文件、工程报建批复文件等（上述资料应是原件）。

b. 全部技术与质量资料。

c. 全部管理资料。

有关技术、质量和管理资料中，按照有关规定，应该是原件的必须提供原件。

5）复查小组对工程复查的有关情况进行现场讲评。

6）复查小组向评审委员会提交书面复查报告。

6. 工程评审与奖励

（1）鲁班奖的评审工作由评审委员会进行。评审委员会由 21 人组成，设主任委员 1 人，副主任委员 2 人，委员 18 人。评审委员必须是具有高级技术职称，熟悉工程专业技术，并担任过一定专业技术职务的专家。

（2）评审委员由地区建筑业协会和部门建设协会根据评委条件，向中国建筑业协会推荐，由中国建筑业协会确定。

评审委员会的成员采取定期轮换制。每三年调整一次，每次调整三分之一左右。

（3）评审委员会根据被推荐工程的申报资料和工程复查小组的汇报，通过审查、观看工程录像、质询、讨论、评议，最终以无记名投票方式确定获奖工程。

（4）中国建筑业协会每年召开颁奖大会，向荣获鲁班奖的主要承建单位授予鲁班金像、奖牌和获奖证书，向荣获鲁班奖的主要参建单位颁发奖牌、获奖证书，并对获奖企业通报表彰。主要承建单位可在获奖工程上镶嵌统一荣誉标志。

二、国家优质工程

国家优质工程奖是 1981 年经国务院批准设立的我国工程建设领域的国家级质量奖。该奖的宗旨在于倡导对工程建设质量管理的系统性、科学性和经济性，奖励对工程建设做出突出贡献的企业（单位），宣传质量优、效益好的工程项目。

国家优质工程是以工程建设项目质量为评定对象，内容涉及工程建设项目的合法性、工程质量管理的系统性、科学性和经济性，以及从工程项目立项到竣工验收形成工程质量的各个建设程序和环节。参评工程的建设理念及各个建设环节，应符合国家在国民经济发展的不同时期所倡导的发展观念，其工程建设项目的综合指标应达到同时期国内先进水平。

国家优质工程设金质奖和国家优质工程奖，每年评选一次，由中国施工企业管理协会颁发奖牌、奖状。

参评国家优质工程的项目应是符合法定基本建设程序，经过立项批准、核准或备案且列入建设计划并具有独立生产能力和使用功能的新建或技改工程项目。主要包括：

（1）工业建设项目：石油、天然气、石油化工、煤炭、有色金属、化学工业、核工业、电力工业、机械工业、冶金、建材等。参评工程的规模：

1）原油生产能力 30 万 t/年的油田。

2）天然气生产能力 6 亿 m^3/年以上的油气田产能建设工程。

3）设有首末站及中间加压泵站、长度 100km 以上（含）、管径 273mm（含）以上的长输油气管道工程。

4）单机容量 600MW（含）以上的火电厂。

5）电压等级 330kV（含）以上的送变电工程。

6）单机容量 600MW（含）以上的核电厂。

7）装机容量 250MW（含）以上的水电站。

（2）交通工程：公路、铁路、桥梁、机场跑道、港口、内河航运、隧道工程等。参评工程的规模（略）。

（3）市政工程、园林工程： 城市道路、立交桥、高架桥、轻轨、自来水厂、净水厂、污水处理厂、动、植物园等。参评工程规模（略）。

（4）建筑工程：包括公共建筑工程、住宅工程。参评工程的规模（略）。

（5）通信工程：投资额在 1.0 亿元以上的通信建设工程。

（6）以上五大类未包含的，但能代表本行业同类工程投资规模和科技发展水平、满足国家优质工程评选标准的其他工业建设项目。

国内外使、领馆工程；由我国勘察设计与施工的对外经济援助工程；外国和台、港、澳地区建筑施工企业总承包并进行施工管理的工程；竣工后被隐蔽或保密的工程；由于设计、施工等原因而存在质量、安全隐患、功能性缺陷的工程；工程建设过程中发生过四级（含）以上重大安全事故的工程不列入评选范围。

申报参评国家优质工程的工程项目必须已经获得国家级或省、部级的优秀设计奖和工程（施工）质量奖。其中参评国家优质工程金质奖的项目，除获得国家级优秀设计奖外，应是本行业同期同类工程在建设理念、科技含量、投资规模、经济和社会效益的最高水平；参评国家优质工程银质奖的项目，必须已经获得国家级或省、部级优秀设计奖。

从国外引进技术装置的工程项目和中外合资建设的工程项目，其国外设计部分，需有项目主管部门优秀设计的认定证明，确认达到了国际先进水平。

申报参评国家优质工程的工程项目，必须按规定通过竣工验收，达到设计能力并投入使用一年以上（住宅小区除外，公路建设项目自竣工至申报时限不超过4年），需国家验收的其他建设项目自验收合格至申报时限不超过三年。工程应具有一定的投资效益和社会效益，工程质量必须符合国家颁布的设计、施工规范和相关标准，尚未颁发规范、标准的可按行业规范、标准进行核定，有环保要求的工程在正常投产后须达到原设计的环保指标和国家相应的环保标准。

申报参评国家优质工程的工程项目，在工程建设过程中应制定有系统、科学、经济的质量管理目标和创优计划。工程项目必须履行基本建设程序，按照《招标投标法》的规定，选择建设从业单位、第三方合法的监理单位。认真落实国家有关行业管理的政策，执行有关行业管理规定。

申报参评国家优质工程的工程项目，应由一个主申报单位（建设、设计、施工总承包或施工单位）进行申报。由多个标段或多个单位共同完成的工程可指定其中一个单位作主申报单位，其他参与工程建设的单位由主申报单位一并上报。

国家优质工程奖的申报依照下列程序进行：

（1）申报单位通过行业协会、各省（市）、自治区建设（筑）协会向中国施工企业管理协会推荐申报参评国家优质工程的项目。国务院国资委所属企业直接向中国施工企业管理协会推荐申报参评国家优质工程的项目。

（2）各推荐协会（单位）须对参评的工程、申报的材料按要求进行认真检查、审核，并分别征求工程建设各企业（单位）及工程项目主管部门、工程业主的意见。

（3）各推荐协会（单位）在国家优质工程申报表中签署对申报单位的认定意见和对申报工程奖项类别的推荐意见，并出具正式的推荐函。

（4）各推荐协会（单位）审核及签署意见后，由主申报或推荐单位将申报国家优质工程的申报材料报送到中国施工企业管理协会办公室。

国家优质工程的评审工作，按下列程序进行：

（1）中国施工企业管理协会对申报工程的申报资料进行审查，对符合申报、评选条件的工程，审定委员会办公室组织、安排专业工程专家组对工程质量进行现场复查。

（2）各专业工程专家组对所负责的专业工程项目，按照国家优质工程复查的要求、程序，逐一到现场进行复查，并提供复查报告。

（3）中国施工企业管理协会组织召开专家组组长复查汇报会，由中国施工企业管理协会全体共同听取、汇总各专家组的复查意见，并根据各专家组的复查情况和国优工程的条件、要求，汇总各方面信息，向中国施工企业管理协会提供国家优质工程（工程名单）正式推荐报告。

中国施工企业管理协会根据推荐报告，审阅、质询现场复查专家组的复查意见并进行评议，以投票的方式评出国家优质工程金质奖、国家优质工程奖。并在全国性报纸杂志上对评选出的国家优质工程进行十五天的公示，对于在公示期间反映有问题的工程，问题一经查实，取消其国优工程资格，公示期间社会各界无异议的工程，正式评为国家优质工程。由中国施工企业管理协会进行表彰、宣传，授予奖牌及奖状。

三、电力建设优质工程

为贯彻国家《质量振兴纲要》，鼓励参加电力建设的各单位树立创优意识，强化工程建设质量管理，推动我国电力工程建设整体水平不断提高，建造更多的优质工程，促使我国电力工业早日栖身世界一流水平，我国电力行业开展了每年一次的评选优质工程活动，而且从获优的工程中推荐有代表性的项目申报国家鲁班奖或国家优质工程金银奖项。根据中国电力建设企业协会发布的《全国电力行业优质工程评选办法》的规定，申报“中国电力优质工程奖”应具备以下条件：

（1）电力建设工程符合国家的法律、法规和有关规定。

（2）工程开工时，应根据质量方针和目标，制订创优质工程的计划，并按照计划在工程中组织实施。

（3）工程建设期间和评选考核期间，未发生过人身死亡责任事故和工程重大质量事故，未发生过重大社会影响事件。

（4）工程项目应是已投产并使用一年及以上且不超过三年的电力工程；对于目前国内同期、同类建设规模最大、电压等级最高、技术最新的大型电力工程，申报要求的竣工时间可适当放宽。

（5）容量和规模：

单机容量为300MW及以上的新建、扩建或改建的火电工程（含燃机）。

单机容量为600MW及以上的核电常规岛工程。

装机容量为250MW及以上的水电工程（含抽水蓄能）。

装机容量为50MW及以上的风电工程。

电压等级500kV及以上（线路长度100km及以上、变电容量750MVA及以上）的输变电工程。

节约型、环保型、再生能源、其他新（特）能源等电力工程，可适当放宽规模限制。

（6）工程通过了项目主管单位或中国电力建设企业协会（简称中电建协）达标投产考核。

（7）工程设计合理、先进。

（8）工程项目管理优秀、质量管理有效，建筑单位工程优良率达到85%及以上，观感质量综合得分率达到85%及以上；安装单位工程优良率达到95%及以上。

（9）工程性能试验指标满足设计或合同保证值，且主要技术经济指标达到国内同期、同类项目先进水平。

（10）工程档案资料完整、准确、系统、有效，便于快捷检索。

申报中国电力优质工程奖材料包括申报表、申报材料、检查结果表、工程照片相册、DVD光盘五项内容。其中申报表、申报材料、工程照片相册的纸质材料各1份、电子版各1份，DVD光盘一张，一并报送。

（1）申报表、申报材料。申报表独立装订一册，其他申报材料独立装订一册，包括以下内容：

1）工程质量创优简介（1500字以内）的主要内容如下：

a. 工程概况。

b. 工程建设的合法性。

c. 工程质量管理的有效性。

d. 建筑、安装工程质量优良的符合性。

e. 性能、技术指标的先进性。

f.“五新”应用、工程获奖情况。

g. 经济效益和社会效益。

2）工程建设的合法性证明文件的主要内容如下：

a. 项目核准、开工批复。

b. 土地使用证。

c. 移交生产签证书。

d. 建设期无重大安全事故证明。

e. 环保专项验收证书。

f. 竣工验收签证书。

3）达标投产证书复印件。

（2）检查结果表。

申报前，建设单位应按检查结果表组织自查，并将自查结果填入检查结果表。

1）火电工程检查结果表包括以下内容（核电常规岛工程参照执行）：

a. 工程建设的合法性证明文件（通用）。

b. 建筑工程质量（火电、输变电、风电通用）。

c. 锅炉安装质量。

d. 汽轮机安装质量。

e. 电气、热控安装质量。

f. 火电工程主要技术经济指标。

g. 工程综合管理（通用）。

h. 工程获奖情况（通用）。

i. 火电工程质量检查结果汇总表。

2）输变电工程检查结果表包括以下内容：

a. 工程建设的合法性证明文件（通用）。

b. 建筑工程质量（火电、输变电、风电通用）。

c. 变电（换流）站安装质量（输变电、风电通用）。

d. 输电工程安装质量（输变电、风电通用）。

e. 输变电（换流站）工程主要技术经济指标（输变电通用）。

f. 工程综合管理（通用）。

g. 工程获奖情况（通用）。

h. 输变电工程质量检查结果汇总表。

3）水电工程检查结果表包括以下内容：

a. 工程建设的合法性证明文件（通用）。

b. 水电建筑（水工）工程质量。

c. 机电设备与金属结构安装质量。

d. 水电工程主要技术经济指标。

e. 工程综合管理（通用）。

f. 工程获奖情况（通用）。

g. 水电工程质量检查结果汇总表。

4）风电工程检查结果表包括以下内容：

a. 工程建设的合法性证明文件（通用）。

b. 建筑工程质量（火电、输变电、风电通用）。

c. 变电站安装质量（输变电、风电通用）。

d. 输电工程安装质量（输变电、风电通用）。

e. 风电工程主要技术经济指标。

f. 工程综合管理（通用）。

g. 工程获奖情况（通用）。

h. 风电工程质量检查结果汇总表。

（3）工程照片相册。反映工程质量全貌和工程亮点的6in（1in=2.54cm）数码彩照不少于20张（其中工程全貌、隐蔽工程、结构工程、主体设备安装工程各3～4张，工程独具特色部位4张以上），用A4纸规格独立装订成一册，并附电子版（照片应有简要说明，Jpeg格式，不得用Word文档和扫描件）。

（4）DVD光盘。反映工程质量的DVD中的主要内容参见“工程质量创优简介”，光盘配有解说词，播放时间不超过10min。

申报材料必须齐全，填写应完整、清晰，内容真实，目录和页码对应，签署意见具体、准确，签名及印章齐全、有效。

申报单位可以是建设单位；也可以是总承包或主承建单位；还可以是主体工程由两个及以上单位共同承建的，可联合申报。

“中国电力优质工程奖”的评选，分为申报材料预审、现场复查、审定和表彰三个阶段。

现场复查的主要内容及方法：

（1）听取工程建设质量情况汇报。

（2）听取生产运行单位意见。

（3）听取工程质量监督中心站对工程质量监督评价意见。

（4）现场实物质量及主要技术指标检查（抽查加实测）。

（5）工程档案及技术资料核查（核查），重点抽查下列文件资料：

1）工程建设的合法性证明文件的原件。

2）工程质量验评记录，建设、勘察、设计、施工、监理等单位分别签署的质量合格文件或质量评估（评价）报告。

3）各专业检查结果表中资料核查的主控项目。

评分办法：

（1）火电工程：工程建设的合法性证明文件，建筑工程质量，锅炉安装质量，汽轮机安装质量，电气、热控安装质量，工程综合管理、工程获奖情况，以上各项按整体工程进行检查评分；火电工程主要技术经济指标按单台机组检查评分。多台机组的主要技术经济指标检查得分以最低单台得分为准。核电常规岛工程参照火电工程执行。

（2）输变电工程：工程建设的合法性证明文件、建筑工程质量、变电（换流）站安装质量、输电工程安装质量、输变电（换流站）工程主要技术经济指标、工程综合管理、工程获奖情况，以上各项均按整体工程进行检查评分。其中输电（线路）为单项工程时，变电（换流）站安装质量不参加检查评分，变电为单项工程时，输电工程安装质量不参加检查评分。

（3）水电工程：工程建设的合法性证明文件、水电建筑（水工）工程质量、机电设备与金属结构安装质量、工程综合管理、工程获奖情况，以上各项按整体工程进行检查评分；水电工程主要技术经济指标按单台机组检查评分。多台机组的主要技术经济指标检查得分以最低单台得分为准。

（4）风电工程：工程建设的合法性证明文件、建筑工程质量、变电站安装质量、输电工程安装质量、风电工程主要技术经济指标、工程综合管理、工程获奖情况，以上各项均按整体工程进行检查评分。

（5）整体工程质量检查总得分：

1）火电整体工程检查总得分满分为800分；核电常规岛整体工程检查总得分满分为700分。

2）输变电整体工程检查总得分：输电工程满分为 600 分；变电工程满分为600分；输变电工程满分为700分。

3）水电整体工程检查总得分满分为600分。

4）风电整体工程检查总得分满分为700分。

复查工作结束后，由复查组提出书面复查报告（1500字以内）。

按《全国电力行业优质工程评选办法》的规定，依据复查组提出的复查报告及检查结果表，经中电建协组织的评审委员会审定后，由中电建协批准，在中电建协网站上公示10天。公示期满后，符合《全国电力行业优质工程评选办法》的工程将授予“中国电力优质工程奖”。

第五节　工程建设标准强制性条文

一、强制性条文的产生

根据《中华人民共和国标准化法》的规定，标准共分国家标准、行业标准、地方标准和团体标准企业标准五类。其制定和批准发布按照一定的管理权限进行，强制性条文的产生是从现行的强制性国家标准中摘录出来的，其内容的权威性是依据现行的标准规范来的，在摘录过程中，首先是各个国家标准在批准发布时，在标准规范的文本上标注，这些标注的条文，经该标准的主管部门审查后，最后统一由住房和城乡建设部批准发布。经与有关部门协商，覆盖工程建设领域的工程建设强制性条文分为15个部分，即：城乡规划、城市建设、房屋建筑、工业建筑、水利工程、电力工程、信息工程、水运工程、公路工程、铁道工程、石油和化工建设工程、矿山工程、人防工程、广播电影电视工程、民航机场工程。国家要求列入强制性条文的所有条文都必须严格执行，对不执行《强制性条文》的，政府主管部门将依据《工程建设质量管理条例》进行处罚，凡是违反强制性条文的要求就是违法。

二、强制性条文的范围

对于强制性标准的范围，《中华人民共和国标准化法》是有规定的。在《中华人民共和国标准化法》没有进行修改以前，我们要维护法律的权威性，不能轻易更改法律的规定。强制性标准的范围涉及到标准体制问题，国际上多数国家按照世界贸易组织（The World Trade Organization，WTO）的技术法规和技术标准构成技术文件，我国标准体制改革正在逐步向国际惯例靠拢。

世界贸易组织制定的“技术贸易壁垒协定”，对技术法规给出的范围为：国家安全、防止欺骗、保护人体健康和安全、保护动植物的生命和健康、保护环境。

国际通行的技术法规与本规定的强制性条文在法律属性上是相近的，因此，它所确立的范围为“质量、安全、卫生及环境保护”和“公共利益”。

三、电力工程建设标准强制性条文

《工程建设标准强制性条文　电力工程部分（2016年版）》国家建设部于2006年5月8日以建标〔2006〕102号文件颁布，自2006年9月1日起施行。电力工程建设标准强制性条文是电力建设过程中参与建设活动各方应强制执行的技术法规，是从源头上、技术上保证电力工程安全与质量的关键所在，其内容直接涉及人民生命财产安全、人身健康、环境保护、公众利益及国家经济安全和社会稳定。电力工程建设标准强制性条文的有效贯彻实施，有利于进一步提高电力工程建设质量和安全，有利于更好地维护各电力主体利益，有利于促进电力事业健康可持续发展，是电力行业落实科学发展观、构建和谐电力、促进社会和谐发展的一项重要工作。

《工程建设标准强制性条文　电力工程部分（2016年版）》共分火力发电工程、水力发电及新能源工程和电气输电工程三篇。

第一篇“火力发电工程”，共分综合规定、勘测设计规定和施工及验收三章。其中，“综合规定”主要是火力发电厂劳动安全和工业卫生设计及电力建设安全工作规程方面的内容；“勘测设计规定”则包含了火力发电厂汽水管道、锅炉燃烧室防爆、发电厂与变电所防火、土建结构等设计方面的规定；“施工及验收”则主要涉及的是锅炉与压力容器、管道和汽轮机组等设备的焊接、检测、安装和验收等方面的条款。

第二篇“水力发电及新能源工程”，则摘编了水利水电工程中地质勘查、结构可靠度、抗震、防火设计及环境影响评价和防洪标准等方面的内容；在“工程施工及验收”章中，摘编了岩石基础开挖，混凝土施工，钢闸门制造安装和水轮发电机组安装及启动试验等条款；新能源部分摘编了风电厂施工及安全方面的内容。

在第三篇“电气输电工程”中，将发电厂、变电站及架空电力线路电气专业设计，施工和安全方面必须强制执行的内容都包括进去了。

《工程建设标准强制性条文》是贯彻执行国务院颁发的《建设工程质量管理条例》的配套文件。是所有建设工程参建单位必须执行及政府对执行情况实施监督检查的依据。

“工程建设标准强制性条文”是由原标准中摘录的条、款编号不变，执行中可相互对照。被摘录后的标准仍继续执行。

四、房屋建筑工程建设标准强制性条文

《工程建设标准强制性条文　房屋建筑部分（2013 年版）》纳入了 2013 年 5 月 31 日前发布的现行房屋建筑国家标准和行业标准中直接涉及人民生命财产安全、人身健康、节能、节地、节水、节材、环境保护和其他公众利益，以及保护资源、节约投资、提高经济效益和社会效益等政策要求的条文，共 11 篇。

五、工程建设强制性条文的实施

（一）建立工程建设强制性条文实施组织机构，制定相关职责

施工企业应当成立《工程建设标准强制性条文》监督检查领导小组，统一领导企业《工程建设标准强制性条文》的贯彻、落实工作。组长由生产经理担任，副组长由分管总工、工程技术管理部门、安监部门的负责人担任，成员包括企业总部相关部门人员以及各项目生产经理或项目总工程师。监督检查领导小组办公室设在工程技术管理部门，工程技术管理部门是《工程建设标准强制性条文》执行情况监督检查的归口管理部门。

项目工地成立后，项目经理部应组织成立《工程建设标准强制性条文》实施工作小组，负责本工地《工程建设标准强制性条文》落实的协调管理工作。组长由项目生产经理/项目总工担任，成员由施工、质量检验、安监部门、各施工单位等有关人员组成。《工程建设标准强制性条文》实施工作小组办公室设在质量检验部门，负责《工程建设标准强制性条文》实施的日常工作。

施工企业应当制定《工程建设标准强制性条文》监督检查领导小组、《工程建设标准强制性条文》实施工作小组、相关人员、有关部门贯彻实施《工程建设标准强制性条文》的职责，并以正式文件下发。

（二）培训

为保证《工程建设标准强制性条文》在工程建设过程中贯彻实施，必须加强对《工程建设标准强制性条文》的宣贯与培训工作，使相关人员熟悉《工程建设标准强制性条文》的内容，做到正确理解，认真贯彻执行。

（三）《工程建设标准强制性条文》的执行、检查与考核

1.《工程建设标准强制性条文》的执行与实施

项目工地应根据本项目工地实际情况制定项目工地《工程建设标准强制性条文》实施细则，并下发执行。项目工地《工程建设标准强制性条文》实施细则应包括以下内容（但不限于）：

（1）目的。

（2）编制依据。

（3）职责。

（4）组织机构。

（5）培训计划。

（6）实施措施（包括执行、监督检查）。

（7）考核（包括奖罚）。

（8）附件：记录、签证表式等。

施工单位在施工过程中进行《工程建设标准强制性条文》落实，包括培训、图纸会检、安全技术交底、施工工序控制、检查验收等。

工程技术人员在编制的作业指导书中要明确《工程建设标准强制性条文》的内容，并在安全、技术交底时特别强调说明。

《工程建设标准强制性条文》实施过程记录包括培训、交底记录、检查记录、会议记录、施工记录、检验试验记录及报告、图片资料和整改反馈等文件。工地资料室负责记录的收集、保管工作。检查记录样表见表 3–1～表 3–2。

表 3–1

________电厂（变电站）×期工程

《工程建设标准强制性条文》

检查记录

自检单位______________

年　月　日

表 3–2

________电厂（变电站）×期工程

执行《工程建设标准强制性条文》检查记录表

专业：

执行标准名称：

标准条款号	标准条款内容	工程实际情况	是否符合标准条款的要求

续表

评价：
问题与处理措施：
检查人员： 年 月 日

说明：1. 检查记录按照土建、锅炉、汽轮机、电气、热控、管道、安全、金属等专业填写。
2. 执行标准清单表中由各单位根据所承担的施工内容列出每个专业应执行的标准清单。
3. 应执行的标准中所需执行条款应由每个专业根据实际情况列出，填入表格。对于不符合现场实际情况的不需要执行的条款应作出说明。
4. “工程实际情况”应描述对应标准条款要求的现场实际情况。
5. “是否符合标准条款的要求”一栏应填写“符合”或“不符合”，不符合项应在“问题与处理措施”栏列出。

表 3–3　　强制性条文执行问题通知/整改单

项目工地：　　　　　　　　编号：

工程名称		限期完成日期	
责任单位		抄送单位	
问题描述：			
检查部门		检查人/日期	
整改反馈：			
反馈部门		反馈人/日期	

续表

复查意见：			
复查部门		复查人/日期	

2. 检查与改进

在《工程建设标准强制性条文》实施过程中，项目工地施工技术、质量检验和安监部门负责全过程的监督检查，对违反《工程建设标准强制性条文》规定的及时制止，并采取相应的整改措施。

《工程建设标准强制性条文》执行检查方式分为日常检查、阶段性检查、重点项目检查等。

《工程建设标准强制性条文》执行检查和项目验收（包括分项工程、分部工程、单位工程）同步进行。对检查中发现的问题由项目工地质量检验部门/安监部门下发“强制性条文执行问题通知/整改单”，责任单位按照要求限期整改，整改完毕后，填写“强制性条文执行问题通知/整改单”（见表 3–3），报送项目工地质量检验部门/安监部门复查关闭。

施工单位采用“执行《工程建设标准强制性条文》检查记录表”（格式见表 3–2）对施工项目自查，项目工地质量检验部门/安监部门复查。在质量/安全分析会上，相关部门要对《工程建设标准强制性条文》执行情况进行汇报，对共性的问题要进行专题分析和改进。施工中发现设计或相关方监督管理存在违反《工程建设标准强制性条文》现象，项目总工程师应组织各方协调、处理，相关部门跟踪、落实。

3. 考核管理

《工程建设标准强制性条文》在执行过程中的施工过程记录齐全、正确、规范。没有违反《工程建设标准强制性条文》内容。

施工企业应当设立专项奖励基金。由企业工程技术部门、安监部门对项目工地《工程建设标准强制性条文》执行情况进行检查、考核。

项目工地《工程建设标准强制性条文》实施工作小组应对本项目工地《工程建设标准强制性条文》执行情况进行检查、考核。

对在执行《工程建设标准强制性条文》过程中做出优异成绩的给予奖励，反之应给予处罚。

第六节 施工质量工艺的策划

一、建筑专业

1. 地基处理的工程质量策划与措施

（1）吃透设计方案和意图，从审核把关地基处理施工单位的施工措施入手进行策划。

（2）做好地基处理过程各阶段的监控以及落实监控的策划。

（3）做好地基处理全过程、施工建设全周期对地基科学检测的策划。

（4）严格科学地组织施工，对开挖和深基施工可能影响地基处理质量的问题从严把关、过细研讨，要充分做好开挖、支护、截水、降水、排水、科学监控、应急预案等全方位的策划。

（5）做好工程后期必然会出现的有桩基与无桩基相关联工程项目的策划。

（6）对地基处理和沉降观测资料要有统筹的考虑和安排，关键要做到真实、准确、齐全、完整。全场要统一、工作要连续、要素控制无遗漏。

2. 混凝土结构的工程质量策划与措施

（1）涉及内在质量的混凝土原材料控制（粗细骨料、水泥、水、外加剂、粉煤灰等）。

（2）涉及内在质量的钢筋系统工程的策划（钢筋原材的管理、加工配制及其他成品半成品的质量体系保证、钢筋接头、钢筋绑扎、防止浇灌混凝土时对钢筋间距和扰动的策划与控制等）。

（3）对模板体系工程的策划（模板体系的设计和必要的计算，特别是模板下围箍和支撑点的计算、辅助措施的策划与实施、模板施工的监控和检验等）。

（4）对拉螺栓端头的处理与伸缩缝止水带控制的策划。

（5）切合实际的混凝土配比设计和试验，以及根据天气情况进行必要的微调（包括水率测定与配合比调整）。

（6）对大体积混凝土施工方案的设计、温度的计算、测温点的布置和规范的测试、温度梯度的控制和调整、混凝土养护的策划。

（7）确保混凝土浇灌工序组织质量的策划（搅拌系统的保证、现场环境的控制、运输机械浇灌机械的准备、浇灌工序的安排、浇灌工艺的实施和施工人员的组织等）。

（8）混凝土实体成品的保护策划。

（9）证明混凝土工程实体质量资料的策划与控制。

（10）大型动力设备基础二次浇灌全过程的策划和落实。

（11）季节性施工的策划。

（12）对目前现场应用较少的预应力混凝土施工和监控的策划。

3. 地面工程的工程质量策划与措施

（1）保证厂区和房心土回填土质量：土质的保证、含水率的控制、分层的厚度、碾压夯实的控制、质量的检测和监控。不允许在含水率过大的腐殖土、亚黏土、泥炭上、淤泥等原状土填方。如果在填方的基底或某层某部位有局部呈现橡皮土时应及时进行翻晒、重新夯实或换土处理。在允许可能的情况下，可以回填级配砂石。

（2）浇筑地面时间的控制：回填后尽可能地有较长的静置时间、粗面层与面层的浇灌间有足够的间隔时段，让回填土和粗地面层有一个自然沉实的过程。

（3）浇筑工艺的控制：分隔缝的设置、压面时间和次数的控制、不同季节对各种地面施工完的养护。

（4）多种辅助手段的应用：

1）各种预埋管线要深埋，最好埋在粗地面之内。

2）在正常的情况下适当增加分格数量，减少地面单块面积。

3）在回填厚度陡然变化之处设置分隔缝（沉降缝）。

4）切割的伸缩缝在其施工时必须切到底、切到位。

5）对经常承受较大载荷的地面增加钢筋网片、钢板网片或铅丝网片。

6）设备基础和构架基础四周要与地面设置沉降缝（包括粗地面处）。

7）在混凝土中掺加玻璃纤维或钢纤维等材料，以提高混凝土的抗裂能力。

4. 墙面与压型彩板维护结构的工程质量策划与措施

（1）砌筑工程是墙面总体质量的基础，砌筑质量不好会给抹灰工程增加很多麻烦，也会形成很多潜在的隐患。

（2）做好砌体原材料的控制，特别要求注意灰砂砖、粉煤灰砖、蒸压加气混凝土砌块的出釜停放期，宜为45d（不应小于28d），上墙含水率宜为5%～8%。混凝土及轻骨料混凝土小型空心砖砌块的龄期不应小于 28d，并不得在饱和水状态下施工。

（3）严格抹灰操作工艺：包括基层的清理湿润、单层抹灰的厚度、层间间隔时间、面层收水压抹的时间和遍数、不同季节操作的要点和区别。

（4）严格执行和控制各种抹灰砂浆的配比与强度，强度越高越好在抹灰工程上是不完全适用的。

（5）采取有效的辅助措施：加挂铅丝网，钢板网，增设分隔缝，做好嵌缝材料的优选，做好嵌缝的工艺处理（不同基体相交处可局部处理）。

（6）混凝土小型空心砌块、蒸压加气混凝土砌块墙应增设间距不大于 3m 的构造柱；层高超过 4m 时，中部增设厚度为 120mm 与墙体同宽的混凝土腰梁。

（7）为保证压型钢板拼缝咬合稳固严密，除边板要弹线安装外，中间部位还必须增加多根控制线，同时应使用仪器进行监测；另外应考虑拼缝处增加必要的拉锚钉紧固。

（8）压型钢板外墙在窗口、檐口、阴阳角收口等部位要做好深度策划和统一。

（9）对于使用整体保温岩棉的外墙，安装时应做好板与梁间厚度的控制并要保证岩棉的平整、满铺和搭接。

5. 屋面防水（包括卫生间等有防水要求的楼、地面）的工程质量策划与措施

（1）对施工图纸给出的设计方案进行细致的研究，必要时应做二次设计，突出需要控制的关键点，以便实施中做重点控制。

（2）对使用的防水材料，特别是新型的材料要研究其性能、吃透工艺、做好样板带路。作为屋面的防水工程，只有材料新型、工艺先进、特点突出、实用美观、经济安全、节能环保等各项特色鲜明并都得到了预控、取得了实效。

（3）要对专项工程的各项标准，特别是如何实现这些标准有策划、要充分落实好“知行合一”的大质量观，要对黏接、接缝、封口、破度、泛水、底层处理、上层防护这些量大的工作统一筹划、有序安排。

（4）对细部做法要做专项策划。这些细部至少包括：天沟、檐口、阴阳角、水落口、变形缝、伸出屋面的管道和排气孔、跨越管道跨越机组伸缩缝的过人钢步梯等。同时对材料和工艺的新特之处也要以专项细部的做法予以策划。

6. 装饰装修和建筑安装的工程质量策划与措施

（1）必须满足节能、环保，必须保证安全功能和使用功能。

（2）做好充分展示满足装饰装修亮点原则的策划。

（3）在了解设计意图、熟悉图纸的基础上充分做好二次设计，并形成文字材料。

（4）施工人员、管理人员要清楚设计，熟悉标准规范的技术要求。

二、锅炉专业

1. 锅炉平台、楼梯、栏杆安装工程质量策划与措施

（1）锅炉各层平台安装应与锅炉钢构架安装同步施工；平台安装应与扶梯栏杆踢脚板安装同步进行；栏杆管（弯头）焊接应与焊缝打磨同步施工。

（2）认真做好设备开箱检查、验收与清点编号。不得混用、代用。每层平台严格按照图纸尺寸要求对格栅板（尤其是异形格栅板）复核尺寸（根据格栅板排版图铺设），各层大平台应保证格栅板拼缝平直，无错口折口。

（3）格栅板铺张时，方向应与平台长度方向一致，并点焊固定在平台梁上。

（4）遇有设备、管道穿过平台格栅时，要将其周围格栅修理整齐，且不应阻碍设备、管道保温厚度和热膨胀，同时还应做加强处理，且应在穿孔周围用围板完善。圆形管道加装套管，矩形管道加装刚度足够的围板，套管及围板应统一（以150mm 为宜）。

（5）如果平台为花纹钢板时，花纹钢板安装前先进行校平，花纹钢板与平台梁面层焊接为满焊，底部焊接为分段焊。

（6）制造厂提供的扶梯倾角一般有 2～3 种规格，梯子安装的角度应核对图纸，严格按图纸要求，要保持踏步水平，且梯子不得随意加长或切割。

（7）栏杆安装时可在同一直线上先固定两端立柱，然后拉线，并保证中间各立柱间隔均匀，所有拉杆立柱上端应在同一水平线上，然后在进行栏杆组装。同一层平台（走道）两侧栏杆立柱应保持在同一断面上，相邻各层平台同一部位的栏杆立柱应在同一垂直线上。

（8）围板、栏杆安装要保持平直，围板转角处应呈棱角或圆滑过渡。相邻两围板接头处应保持在同一直线上，其上部要保证平齐，围板焊接既要保证有一定强度又不能使围板变形。圆钢连接点尽量留在立柱开孔位置，这样可以保证美观并减少工艺修复量。

（9）栏杆弯头安装要求焊接接头牢固且打磨平整，弯头连接要圆滑过渡、合理美观、安全可靠，所有焊缝应及时打磨，打磨完成后与油漆防腐工序办理工序交接。

（10）加强成品保护，为避免发生损坏设备和安全事故，在安装过程中严禁用平台、栏杆、格栅等作为起吊支点。平台上堆放的设备不得超过其承重能力，每层平台同时受载面积不得超过该层平台面积的 20%。

（11）对于制造厂容易遗漏的平台或安全围栏，应及早发现并办理设计变更。

2. 小径管道安装施工工艺控制要点

（1）安装前应进行二次设计规划，满足热力系统设计原则及机组运行要求，热介质管道和冷介质管道必须分开布置，支吊架不能共用。同一区域内的小管道布置要统一考虑，管线走向、支吊架型式等尽量要一致；减少管道起点与终点之间的弯折，减少管材的消耗；成排管路敷设的布置应尽量采用对称形状，做到外观美观。各阀门的布置应能方便操作和固定牢固。

（2）存放、运输时应垫实、垫牢防止管道变形。安装前检查管道如有变形应先进行校正合格后使用，安装后进行标示，防止外力作用产生变形。

（3）进行管道的冷弯、热弯过程中，要选取合适的弯曲半径，采用正确的弯制工艺，避免弯管时弯扁、弯管椭圆度超标。

（4）成排管道布置间距应均匀、一致。需保温的管道布置前，应落实管道保温方式及保温厚度并进行记录，在施工过程中要充分考虑留出足够的保温间隙，布置在墙、地面的管道应与墙、地面间留有足够的保温间隙。

（5）阀门要考虑集中成排布置，应以方便阀门操作、维护、检修为目的。狭小空间布置时，应考虑立式，减少占地面积且有利于操作、维护；集中布置的管道阀门必须留有操作通道。

（6）不同直径热力小管道施工，要充分考虑管道弯曲半径统一协调，避免造成管子排列不整齐、不均匀。

（7）取样管焊口应布置成 V 形或在一条线上，V 形箭头要指向介质流向。

（8）放水漏斗位置应便于安装检查，有滤网及上盖，且固定可靠，工艺美观。

（9）阀门安装验收完毕后统一挂牌标识。

（10）支吊架应布置合理、固定牢固，且不影响管系的膨胀。支吊架设置应能够承受管道及保温层的重量，并合理约束管道位移。直管段应设膨胀弯，避免由于膨胀造成支吊架损坏、管道扭曲变形。

（11）支吊架布置间距合理均匀，避免间距过大造成管路下垂。不锈钢管道与碳钢支架间的隔离应使用不锈钢垫片（或青稞纸等），不锈钢垫片厚度在 0.2mm 以上，宽度应等于支架根部型钢的宽度。

（12）管道、支吊架应采用机械下料、钻孔，不得使用火焊切割，切割后断面应平直并打磨光滑。

（13）U 形管卡合理选用，直径 25mm 以下使用热控管夹进行施工，直径在 25～38mm 之间的管道使用直径为 6mm 的管卡进行施工，在 45～76mm 之间管道使用直径为 8mm 管卡进行施工。

（14）管道穿平台、墙体、地面应加统一型式套管，钢管穿格栅及钢平台处应加踢脚板。套管要按规范安装，且套管高度以露出墙面（地面）25～35mm 为准；踢脚板用扁铁制作成方形或圆形，高度与平台踢脚板统一，套管和踢脚板均应留出保温空间。开孔应圆滑且与管道同心。

（15）管道穿格栅及钢平台开孔后应对格栅及钢平台进行加固，恢复原有的刚度与稳定性。切割后的格栅断面应用与肋条同规格的扁钢封闭焊接牢固，焊接后单块格栅板及开孔后的钢平台的刚度不能满足原设计刚度时应加支撑梁，并按原有的连接方式进行恢复。

（16）地埋管埋入深度应符合设计要求。埋入前必须进行防腐处理。

3. 锅炉受热面施工工艺控制要点

（1）吊杆安装前要对照图纸认真对吊杆部件进行清点、检查，分类存放并做好规格、型号、方向标识。合金钢部件安装前必须进行光谱复查并做好标识。

（2）吊杆顶部螺母下承力弧面垫片必须按图纸要求方向安装，防止机组热态运行时吊杆无法随受热面膨胀自由摆动。吊杆安装受力前应将相同规格吊杆两端露出螺杆长度调整均匀、一致。吊杆组合、安装时应将花篮连接螺母的并紧螺母并紧并采取可靠防退措施，防止吊杆松动脱落。吊杆螺纹组合安装后要及时涂抹二硫化钼，防止螺纹锈蚀。吊杆存放、吊装时要小心谨慎、轻吊轻放，保护好吊杆螺纹，螺纹保护套损坏的要及时恢复，防止损坏螺纹。

（3）吊杆调整过程中要正确使用专用工具，禁止在吊杆上随意施焊，避免损伤吊杆。对吊杆上的焊疤、电焊击伤应及时进行打磨检查有无裂纹，防止吊杆带伤受力。

（4）吊杆垫板安装前应提前在支撑梁上放线，成排垫板安装确保在一条直线上。吊杆垫板点焊焊缝长度、间隔距离均匀一致，焊缝高度和焊缝总长度满足图纸设计要求。

（5）吊杆吊装时不得使吊杆承受过大弯曲力，防止吊杆弯曲变形，弯曲变形的吊杆安装前必须进行校正合格。膨胀节安装过程中做好防护措施。

（6）锅炉上水前要对受热面吊杆进行全面调整检查，确保吊杆受力均匀，不得有明显偏斜现象。

（7）吊杆吊耳销轴穿装方向要一致、统一。

（8）施工前做好对施工人员的技术交底，使每个施工人员都明白施工内容，施工方法和施工中的质量要求。严禁在受热面等设备上随意动用电火焊，必须使用电火焊作业时，按照要求由指定人员进行，作业完后及时清理检查，管材如有割伤必须立即汇报后按要求处理。临时铁件割除后要打磨干净。电焊线裸露的地方一定要及时包好，防止管排被电弧击伤。

（9）在受热面组合、安装过程中，不能用硬物直接敲击或撞击受热面管排，组合件搭设平整、稳固。设备材料在受热面安装时应做到轻搬轻放。尺寸较大管排在运输和吊装时要做起立架，起立时采用两车配合，防止管排变形。受热面管屏组合拼接时，应控制好组件的整体几何尺寸并预留出适当的焊接收缩间隙。

（10）受热面组合对口切割鳍片前应划线后进行切割，确保割缝平直不损伤管壁。割缝长度要保证适当长度，满足对口调整间隙，防止折口和错口。对口区域密封鳍片应根据现场具体尺寸修割合适并打磨光滑。

（11）管排对口要在搭设牢固平整的组合架上进行，并且对口时应预留出适当的上拱度，以抵消焊接收缩的影响并在靠近焊口附近区域采取牢固的加固措施防止管排焊口折口。

（12）受热面管屏组合前应对照图纸仔细检查有无缺陷、损伤，外形尺寸是否符合图纸要求。对有缺陷、损伤及尺寸偏差大的部件与厂家协商采取相应措施处理后再进行组合。

（13）受热面组件在现场焊接采用间隔点焊定位，分散交叉施焊密封，防止产生管屏的变形和拉裂。拼接焊缝焊接前要点焊、固定牢固，焊接时采取多点、间断焊，避免多人一侧集中连续焊接，以防管屏产生过大焊接收缩变形。严格按照图纸施工，图纸未标有焊接的地方不得私自焊接，以免造成管子的拉裂泄露。

（14）刚性梁固定销轴要按规格、型号分类存放、专人管理，避免错用；销轴按图纸要求穿装方向一致。

（15）刚性梁角部安装前应仔细核对图纸，严格按图纸要求安装。对于偏差较大的部件现场修整必须打磨平整、清理干净，螺栓孔错孔要使用铰刀扩孔禁止使用火焰切割。安装后按图纸要求检验合格后再进行焊接。

（16）水冷壁每层吊装完及时找正、固定，在不同标高设置多个控制点，保证炉膛宽度偏差在规范要求范围内。

（17）管口打磨好后用压缩空气吹扫 1～2min，压缩空气的压力 0.4～0.6MPa，以清除管子内部的灰屑杂物，然后进行通球。集箱及大口径连通管应打开集箱手孔检查，用内窥镜或手电和镜子配合检查集箱内部，并清理接管座，观察管座内是否有异物，对联箱内壁锈垢、翘皮、焊瘤、药渣、眼镜片等，用压缩空气无法清理时，用铁刷、钢筋进行贯通以确保内部清洁无杂物。通球和清理完成后及时可靠的封口。酸洗、吹管后切割集箱手孔检查是否有异物存留，顺序从下向上，

主要针对水冷壁下集箱、包墙下集箱等处。屏式过热器、高温过热器、高温再热器的入口集箱内部都有节流孔，在锅炉冲管完成后对高过、屏过入口集箱中部割开管子用内窥镜进行检查。

（18）施工中应及时封口。在安装汽水分离器等隐蔽工程或进行大口径管道、集箱焊接及冲压时，施工人员随身携带的手机、钢笔、打火机、钥匙等小部件严禁带入内，一些小型的工器具、废料等不准遗漏在管子内，同时必须穿连体衣服。

4. 锅炉炉顶密封施工工艺控制要点

（1）炉顶密封施工前，根据其工作量大、密封件种类多、焊接位置困难等特点，认真钻研图纸，编制操作性强的作业指导书。施工前做好对施工人员的技术交底，使每个施工人员都明白施工内容，施工方法和施工中的质量要求。

（2）安装时仔细核对图纸，熟悉其设计结构特点和细节，掌握密封的安装顺序和方法，确保不出现漏装和漏焊现象。焊接完成后进行严密性检查。

（3）焊接工作应有防焊接导致结构变形的措施。焊接作业应按顺序进行，不能多人同时或集中焊接，应分散、分段进行。

（4）密封件施工前应清点编号，并检验合格后方可点焊到位，密封焊缝侧的油污，铁锈等杂物必须清除干净。

（5）锅炉受热面安装质量要符合图纸要求及验收规范要求，以利于密封件就位。密封件下料采用机械切割，切边要求平直。密封件搭接间隙要压紧，其公差要在规范要求范围内，密封件的安装不得强力对接。

（6）焊缝停歇处的接头，应彻底清除药皮才能继续焊接，焊缝间隙符合焊接工艺要求，填塞材料材质应与设计相同，焊缝应严格按设计图纸的厚度和位置进行，不得漏焊和错焊。

（7）严格按照图纸要求预留膨胀量，避免出现膨胀受阻后撕裂现象。

5. 附属机械施工工艺控制要点

（1）施工前做好对施工人员的技术交底，使每个施工人员都明白施工内容，施工方法和施工中的质量要求。

（2）地脚螺栓安装时测量好标高，保证螺栓拧紧后能露出 2～3 扣。二次灌浆时做好防止地脚螺栓偏斜的措施。

（3）地脚螺栓露出部分丝扣安装过程中包裹防碰，螺母要有并帽或其他防松装置。设备接合面螺栓和地脚螺栓安装完后露出部分丝扣刷防锈漆。

（4）二次灌浆按设计标高要求灌浆，灌浆时使用篷布遮盖设备，防止灌浆料污染设备。

（5）设备找正需调整位置时，应采取保护措施以防设备因外力而受到损伤。

（6）设备找中心用的调整螺栓在安装完成后应松开。

（7）对轮保护罩安装齐全，并应有足够的强度，固定要牢固，若有变形安装前进行校正，安装后能方便拆卸，保护罩中心同对轮中心线应重合。

（8）球式磨煤机大小齿轮在节圆相切的情况下，齿侧间隙应符合设备技术文件规定。齿侧间隙应沿齿圈圆周测量不少于 8 个位置，工作面沿齿宽的间隙偏差不大于 0.15mm。用色印检查大小齿轮工作面的接触情况，一般沿齿高不少于 50%，沿齿宽不少于 60%，并不得偏向一侧。

（9）球式磨煤机衬板安装时，固定衬板的每个螺栓上应缠绕不少于 3 圈石棉绳，密封垫圈正确安装若有损坏不能使用，螺栓紧固力矩符合设计要求，螺栓要有并帽。加装完钢球和热态试运转后都应重新紧固衬板螺栓。

（10）球式磨煤机大齿轮保护罩装配牢固可靠，与齿圈两侧间隙均匀；罩内保持清洁，法兰接合面严密不漏。

（11）球式磨煤机主轴承处密封毛毡厚度适宜，毛毡裁制要平直，接口应为阶梯形，毛毡与轴接触均匀，紧度适宜；压填料的压圈与轴的径向间隙均匀，一般为 3～4mm。

（12）油管路安装前应进行二次设计，保证管路安装整齐美观、牢固可靠，油管路不能地埋。压力油和回油管路坡度应满足设计要求。油管路的阀门安装前应经严密性试验合格。平法兰应内外两面焊接，焊后彻底清理焊渣。视油窗布置在回油管路的倾斜管段上且应便于观察。

（13）油系统法兰应使用耐油垫片。法兰点焊时用直角尺进行找正，确保管子与法兰垂直。法兰间垫片的材质和厚度应符合设计和规范要求。垫片安装时不准加两层垫片，不准错用，位置不得偏斜。垫片表面不得有沟纹、断裂等缺陷，法兰密封面清理干净。加垫片时应涂黑铅粉或其他涂料，不允许加垫片后再焊接法兰。法兰连接的螺栓要符合设计规定，且长短和穿装方向一致，拧紧螺栓时要对称成十字交叉进行，每个螺栓要分 2～3 次拧紧，紧固力矩均匀。用于高温管道时，螺栓要涂上铅粉，不得强制对口。轴封的羊毛毡、盘根等要松紧适中，防止过松渗漏，过紧发热。

（14）管螺纹加工应严格按照标准进行，要求有一定的锥度，且丝口平整光滑、无毛刺、无断丝、无乱丝等。丝口加密封带时应符合螺纹的旋转方向，使用麻丝时应配合使用白厚漆。管螺纹安装时先用手拧入 2～3 扣，再用管钳上紧，选用的管钳要合适，紧力要适当。过松易渗漏，过紧容易胀裂设备。管件在拧紧时，要

考虑管件的位置和方向，不允许因拧过头后用倒丝的方法进行调整。

（15）设备未找正验收完不得进行管道的连接。

（16）设备找正用垫片外沿应同设备平齐，不应露出设备。

（17）设备找正结果要符合规范要求。球式磨煤机出入口管头与空心轴的径向间隙在两侧应相等，上部间隙比下部间隙稍大，承力端轴向间隙应不小于罐体的膨胀量加3mm。

（18）厂家要求进行解体检修的设备，安装前必须按厂家要求进行检修。解体检修时应做好标记，并做好设备的原始记录和检修记录。设备检修后组装时接合面密封填料应均匀，无密封填料的接合面要检查接触面积，必要时进行刮研。螺栓紧固时应按对称顺序进行，且紧力均匀；有力矩要求的应满足要求。系统所用的阀门、冷油器等附件应进行严密性试验。密封填料应根据介质的要求选用。检修完后的阀门都必须打上检修人员钢印代号。分离器及煤粉管道可能出现漏粉的接合面处应加密封胶。设备人孔门封闭时，密封绳加装均匀，接头处做斜接口，螺栓紧固时紧度适宜。

（19）安装前检查挡板门开关灵活后方可安装，安装前在转动和滑动部件处按设计加注油脂，并在门轴上做挡板开度指示。

（20）非金属膨胀节安装应符合设计，防止因膨胀距离不够将膨胀节撕破，或因螺栓穿装方向不正确将膨胀节刺破造成泄露。施工过程中对非金属膨胀节进行可靠保护，防止损伤。

（21）油类、破布、下脚料应分类存放，集中处理，注意保持现场清洁。

6. 支、吊架施工工艺控制要点

（1）做好支、吊架的清点、编号，确保支、吊架管部、根部、连接件的零部件齐全。吊架中间调整螺栓，应处于同一标高和同一方向，达到美观和方便检修的目的。吊杆调整时螺栓丝扣露出长度一致，完后及时将并帽并紧，管夹上下间隙均匀、一致。支吊架螺栓背部应对着人行通道及楼梯口处。

（2）吊杆不得采用搭接焊。

（3）吊杆碰设备、建筑物或电缆桥架时应联系设计院进行更改。

（4）支吊架布置间距合理均匀，避免间距过大造成管路下垂。不锈钢管道与碳钢支架间的隔离应使用不锈钢垫片（或青稞纸等），不锈钢垫片厚度0.2mm以上，宽度应等于支架根部型钢的宽度。

（5）支吊架应尽可能工厂化加工制作，如果自行加工螺栓孔应用电钻，不得使用火焊切割。型钢切割后断面应平直并打磨光滑。

（6）管道上吊架应在管件全部找正和临时固定后，再进行逐个焊接，保持管道吊点受力均匀。焊接高度不能低于设计值，焊后打磨光滑。

（7）滑动支架滑动面和支座的接触面应清洁、平整，滑动板不能漏装，相互接触面积应符合设计要求。

（8）所有活动支架的活动部分应裸露。

（9）弹簧安装时应将指示牌指向人的视野范围，便于观察，且左右弹簧应对称布置。

（10）冷态管道支吊架应做到横平竖直，热态管道支吊架运行后有位移的，应根据图纸要求进行偏装，满足运行工况下刚性吊架偏斜不大于3°，弹性吊架不大于4°的要求。

7. 阀门和法兰施工工艺控制要点

（1）法兰螺栓从两头向中间对穿；当两个阀门串联时，阀门中部螺栓可采用双头螺栓或单头螺栓朝下，且同区域的法兰螺栓穿入方向应一致；同一阀门应使用同一规格螺栓，丝扣露出长度应一致。

（2）螺栓应涂黑铅粉。

（3）法兰安装前，应对法兰密封面及密封垫片进行外观检查，不得有影响密封性能的缺陷。法兰连接时应保持法兰间的平行，其偏差不应大于法兰外径的1.5/1000，且不大于 2mm，不得用强紧螺栓的方法消除歪斜。法兰螺栓紧固应采取十字对称、多次紧固的方式进行紧固，法兰周围紧力应均匀，以防止由于附加应力而损坏阀门。阀门应连接自然，不得强力对接或承受外加重力负荷。

（4）法兰所用垫片的内径应比法兰内径大 2～3mm。垫片宜切成整圆，避免接口。当大口径垫片需要拼接时，应采用斜口搭接或迷宫式嵌接，不得平口对接。不得将垫片放入法兰内连接后进行法兰与管道的焊接。

（5）油系统阀门应进行检修，清除污物，对于夹渣、重皮等制造缺陷应进行清理修补，更换盘根为聚四氟乙烯盘根。

（6）垂直管道上的阀门尽量布置在高度1.5m左右，阀门操作应有通道和足够的空间，阀门并排安装时，应尽量集中布置。阀门不能埋于土中。

（7）室外安装的电动阀门应有螺杆保护罩，电动头上的螺纹保护帽应在安装后拆去，防止调试阀门时损坏电动头。

（8）油系统阀门手轮不应布置在上面。

（9）由于油管道在油质流动过程中易产生静电，因此对于阀门的法兰螺栓超过5个的可以不进行跨接，否则对油系统阀门应进行跨接。跨接时应加工统一的金属线进行跨接。

（10）阀门应按设计要求和介质流向安装，需水平安装的止回阀不能垂直安装。

8. 锅炉炉墙保温施工工艺控制要点

（1）保温钩钉施工前要预先在炉墙表面打线，根据图纸要求尺寸定出钩钉的位置后再进行焊接施工，焊接时注意焊条种类，同时采用有施工经验的合格焊工进行施焊。

（2）保温层敷设时要同层错缝、异层压缝的办法施工，炉墙边缘间隔使用半块的保温材料。相邻保温层采用边缘重叠少许，然后挤紧的方法施工，有缝隙的地方用同质碎材料塞实。

（3）边缘、缝隙等处加强质量控制，保温层敷设到位并且要密实，根据地方的不同可选择外层加设铁丝网的方法。

（4）抹面层施工前，保温层表面要敷设一层铁丝网，保温抹面分两次施工，第一遍打底粗抹厚度约为总厚度的2/3，盖住铁丝网，用力挤压，使抹面材料与主保温层和铁丝网粘接牢固；第二遍压光精抹，灰浆稍稀一些，其涂抹厚度为总厚度的1/3，压光时使表面平整光滑，并根据设备本身的形状圆滑过度，保证抹面层表面光滑且无棱角。待抹面层干燥后，在抹面层外粘贴两层玻璃丝布。

（5）保温及耐火浇注料施工配料要严格按材料使用说明书的要求进行配料，加水前要先将干料搅拌均匀，加水要按说明书要求增减。浇注时要捣打均匀密实，尽量一次浇灌成型。

（6）压锁片时使用细的圆管将锁片用力压实，压紧后将保温钩钉向上弯折，以防锁片滑脱。

（7）焊接外护板的支承件时，一定要采取找平措施，如拉线等，使支承件在高度上统一，并焊接牢固可靠。保温外护板施工前，要对里面的支撑铁件的平整度进行检查，验收合格后再进行外护板安装。

（8）安装外护板时横向要拉线，纵向要吊线，裁剪外护板时，要进行实际测量，一律采用切割机进行切割，裁剪要准确，整齐美观，开口尽量小，安装完成后保证外护板外表面平整，搭接缝整齐、统一。

（9）保温外护板固定铆钉打孔前先将设备两侧的铆钉固定，然后拉线，根据事先定好的间隔尺寸，定出每个铆钉的位置再进行打孔安装。

（10）刚性梁角部细节处理要统一规划，安装整齐划一，并根据不同炉型的实际情况考虑好膨胀，防止膨胀拉开外护板。

9. 阀门保温施工工艺控制要点

（1）对阀门进行尺寸测量时，要考虑保温外护板能够安装到的位置，测量长度适当加大。

（2）阀门罩安装时，在阀门罩的两侧，找准中心，以中心为圆心进行切割。

（3）阀门罩安装时，两侧中心要找准，两个中心点应该在同一水平线上，同时安装阀门罩时，如果发现阀门两侧的保温外护板有变形，应该及时进行更换。

10. 热力设备及管道保温施工工艺控制要点

（1）保温层敷设时层层扎紧，保证保温层密实，接头处保温层搭接少许，然后对紧压实，如有缝隙使用同质碎材料塞实，外护板下料时，尺寸要准确。

（2）保温层同层错缝、内外层压缝，侧面看为台阶状布置。

（3）边缘、缝隙等处加强质量控制，保温层敷设到位并且要密实，根据地方的不同可选择外层加设铁丝网的方法。

（4）抹面层施工前，保温层表面要敷设一层铁丝网，保温抹面分两次施工，第一遍打底粗抹厚度约为总厚度的 2/3，盖住铁丝网，用力挤压，使抹面材料与主保温层和铁丝网粘接牢固；第二遍压光精抹，灰浆稍稀一些，其涂抹厚度为总厚度的 1/3，压光时使表面平整光滑，并根据设备或管道本身的形状圆滑过度，保证抹面层表面光滑且无棱角。待抹面层干燥后，在抹面层外粘贴两层玻璃丝布。

（5）保温外护板安装前如发现保温层有损坏，要用保温材料将其恢复整齐，保证保温层外表面的圆滑。

（6）管道外护板安装时，保证外护板紧贴保温层扎紧，发现不圆处用保温材料衬垫。当弯头内弧允许时，加大虾米弯的下料节数。

（7）穿管、三通等处的外护板下料时要准确无误，接口处现场要测量实际尺寸，开口要合适，根据尺寸制作相应形状的咬口部件，细节处理要统一、整齐、美观。

（8）护板下料制作时要起双线，一凸一凹，相邻的护板安装时，要合槽安装，保证接头平直，护板打孔时要均匀布置，间距统一。

（9）烟风道及立卧式箱罐保温外护板一般都采用波形板，波形板安装前要焊接外护板的支承件，焊接时一定要采取找平措施，如拉线等，使支承件在高度上统一，波形板施工前，要对里面的支撑铁件的平整度进行检查，验收合格后再进行外护板安装。

（10）波形外护板安装时，要紧贴支撑件从下向上逐层顺水（卧式箱罐可选择从一边开始）安装，横向要拉线，纵向要吊线，裁剪外护板时，要进行实际测量，

一律采用切割机进行切割，裁剪要准确，整齐美观，开口尽量小，安装完成后保证外护板外表面平整，搭接缝整齐、统一。波形外护板安装时，上下搭接不小于50mm，左右之间相互搭接一个波形，外护板与支撑件之间、外护板之间抽芯铝拉铆钉固定，固定间距均匀、牢固可靠。

三、汽轮机专业

1. 油管道施工工艺与油冲洗后的油质控制

目前循环油管道的压力油管和回油管普遍采用套装油管，提高了安全性能。为防止锈蚀和污染，确保内部无杂物，单根管的安装必须做到：

（1）管道连接前不得打开两端封口。

（2）焊接前必须用压缩空气吹扫，白布蘸酒精拖拉。套装油管道内如果有防腐油脂必须清理干净。

（3）小口径管道双氩焊接，大口径管道氩弧焊打底，电焊盖面，禁止使用承插焊。

（4）管道下料采用手工或电动锯切割，不允许采用火焰或割刀切割。

（5）小口径管采用不锈钢管，弯管采用冷弯。

（6）所有设备、管道到现场后，安装设备管件的KKS编码认真进行检查核对，对设备上的各种孔洞、管口及内部进行检查和清理后，用可靠的堵头封严。对用肉眼不能直接观察和检查到的部位，用内窥镜进行检查，用吸尘器吸。

对系统中的所有阀门，必须逐只进行检查、清理，重点清理阀壳内部。检查合格的阀门，用清洁的密封材料将两端封好，待安装时才可拆封。

（7）对安装现场的环境清洁度进行控制。

（8）在管路布置上，避免出现油流死角，对部分油冲洗不到的部位，增设法兰以便于检查和清理。

（9）油系统在正式安装前组织汽轮机、热工专业技术人员再一次对系统的正确性和完整性进行确认，防止遗漏。系统管路上的热工测点、三通制作开孔焊接等工作，应在酸洗前完成，酸洗后不许进行开孔和焊接。

（10）油箱内部进行彻底的清理检查，必要时油箱内部的管道从法兰处拆开对其内部进行抽查；厂家焊接的油管道焊口现场进行无损探伤抽查。

为科学提升施工进度，合理组织施工，施工现场油循环除采用离心滤油机、高精度滤油机以及大流量冲洗外，在本体工作未完成之前，先进行体外油冲洗，本体工作完成后，再进行总体油冲洗。根据设备供应的实际情况，对油冲洗的每一个阶段，必须检查并重视系统管道及设备内部的洁净，重视油质的检验。

2. 通流部分间隙的调整

通流部分间隙的调整是强制性条文关注的重点内容，通流部分间隙的调整许多机组采用贴胶布检查间隙的办法：圆周间隙的最小值不小于设计间隙，圆周间隙的最大值不大于设计间隙既可通过验收，容易造成整体间隙过大。现在，引进国外技术的机组则采用在不同部位压铅丝的办法对通流部分间隙进行检查，检查方法不同，检查结果类似。

无论采用什么办法，使通流部分间隙尽可能保证整圈间隙的均匀，既满足动静部分不摩擦，又使间隙尽可能小，使之更经济合理，对提高汽轮机的总体安装质量关系重大。

3. 小口径管道的三维设计

小口径管道的合理布置，除合同明确规定外，属于施工单位的职责范围，安装前对小口径管道预先进行三维设计，及早策划，能有效解决现场小口径管道的安装工艺问题，提高现场的观感质量。

四、电气、热控专业

1. 电缆桥架施工工艺控制要点

（1）电缆桥架安装准备。

1）熟悉施工图纸及作业指导书上的相关施工措施；认真接受技术交底；掌握施工工序；明确施工注意事项。

2）桥架安装前应清理桥架上的杂物、泥巴、灰尘等。

3）检查电缆桥架的外观应完好、无扭曲、变形。发现变形的，应及时进行矫正，确保安装使用合格的桥架。

4）核实已经固定好的电缆支架位置。重点检查弯头、三通、四通等进出口处的电缆支架，是否满足桥架安装后的牢固性。

5）技术员查阅机务图纸，确认电缆桥架离开热表面的距离；严禁与保温相碰，离热表面距离符合规范要求，以防烤坏电缆，特别是主汽门、调门、油系统等危险区域。

（2）电缆桥架安装。

1）在桥架安装过程中，严格执行验收卡制度，技术员、质检员应及时做好验收、签字。

2）先固定桥架的弯头、三通、四通，再安装、固定直线段的电缆桥架。

3）电缆桥架上、下层之间的连接片应对齐；桥架对接应紧密无错边。

4）使用相同长度的螺栓，螺栓应由内向外穿，螺母位于桥架外侧。

5）不同高度桥架平缓过渡，锯口应平整、光洁，不应有造成损伤电缆的毛刺、锐边等缺陷。

6）桥架的弯头现场制作必须规范：根据现场情况确定尺寸。弯头的制作，必须满足电缆的弯曲半径，严禁成为直角折弯，损伤电缆。

7）整排桥架调平直后，再将连接片螺栓统一紧牢，螺栓、垫片等应齐全。电缆桥架上严禁使用电焊开孔。

8）电缆桥架（加防火隔板的）、槽盒安装ϕ6 圆钢规定：

a. 为保证电缆固定牢固和电缆整理、绑扎工艺，要求在槽盒的弯头、三通、四通、跳弯、变径，电缆的大、小竖井，电缆分支架的垂直段等，都必须增加圆钢，圆钢要粉刷防锈漆。

b. 在槽盒安装前，及时固定圆钢，对钢制桥架、槽盒圆钢可进行点焊。

c. 圆钢的固定位置：在每个弯头的两端及中间。

d. 圆钢安装的数量：

（a）水平弯头大于或等于 400mm 的桥架（槽盒）3～4 根，小于 400mm 的加 3 根。

（b）水平三通加 5 根。

（c）水平四通加 8 根。

（d）跳弯加 3～4 根。

e. 圆钢安装的间距：

（a）水平直线段每隔 500mm 加一根。

（b）100mm×100（50）mm 槽盒、垂直段每隔 300mm 加一根；200mm×100mm 的槽盒、垂直段每隔 400mm 加一根。

9）连接螺栓、垫片应无生锈现象；分支架（小槽盒）与主桥架的连接处要做到平缓过渡；终端要封口。

10）电缆桥架的接地线安装，要按图纸设计，规范施工。

11）主桥架内部杂物清理干净；电缆整理绑扎符合工艺要求。

12）盖板的安装：盖板弯头制作规范，在内侧点焊成整体，并在焊口处刷防腐漆。连接紧密、无间隙；固定牢固；齐全、无缺少；盖板上面无杂物，盖板不能点焊固定。

（3）电缆进盘时必须安装上盘桥架（槽盒）。

（4）电缆桥架安装工艺质量目标是：桥架连接平直；层间间距满足要求；层间连接片位置一致；弯头排列整齐、美观；桥架对接无错边；螺栓、垫片齐全、紧固、无锈蚀；接地符合设计、规范要求。

2. 电缆保护管施工工艺控制要点

（1）电缆保护管加工。

1）电缆保护管应采用机械切割，不得使用电、火焊切割。

2）切割后保护管管口应光滑、无毛刺和尖锐棱角。

3）保护管弯制要求：

a. 不应有裂缝和显著的凹瘪现象，其弯扁程度不宜大于管子外径的10%。

b. 保护管的弯曲角度不应小于90°，其弯曲半径不应小于保护管外径的6倍，保护管内径宜为电缆外径的1.5～2倍。

c. 管子弯头不宜超过2个。

（2）电缆保护管固定。

1）保护管应固定牢固。在不允许焊接支架的承压容器或管道上，安装电缆保护管时，应采用U形螺栓、抱箍或卡子固定。

2）引至设备的电缆保护管管口位置，应便于与设备连接并不得妨碍设备拆装和进出；并列敷设时管口应排列整齐，间距一致。

3）保护管排列：

a. 保护管要排列在同一个平面上。

b. 保护管固定后，管口应做临时封闭。

c. 相邻保护管之间间距一致。

4）保护管安装应考虑离开热表面保温层的间距，必须大于150mm，严禁与保温相碰，特别是在主汽门、喷燃器等高温区域，防止烤坏电缆。

5）保护管穿越格栅平台时，必须认真确定位置。格栏栅开孔，要使用钢锯或切割机，严禁使用电火焊，孔的四周应采用与肋条同规格的扁钢封闭，肋条与扁钢满焊，或者用L30×3mm的角钢做框架（框架大小、尺寸要适宜），肋条与角钢满焊，对格栏栅做好防护。

6）电缆保护管的布置宜选择在与热力设备或管道膨胀方向相反的部位；若布置在膨胀方向侧，它们之间的距离必须大于运行时的最大膨胀值。

7）保护管应安装牢固，一根有1个或2个弯头的保护管不得少于3个固定点。同一区域多根的保护管安装，其固定方式、安装尺寸、样式等要一致。

8）安装时，要考虑电缆采用下进线方式，防止进水损坏设备。气动门的气源管原则上同电缆保护管一起敷设固定。

9）电缆保护管固定时，避免与设备进线口正对，应位于进线口的正下方400mm，水平方向左、右300mm范围内，金属软管安装成S形。

10）预埋的电缆保护管，弯头部分严禁高出地平面，地上部分必须垂直；高度超过1.5m时必须加装支架固定。

（3）保护管使用原则。

1）电缆保护管之间的连接应牢固，密封应良好，两管口应对准，采用接头对接。

2）电缆保护管与设备之间应采用金属软管连接，金属软管两端接口应使用专用接头。

3）保护管与电缆桥架、分支架、槽盒的连接，采用在桥架上拉孔方法：保护管直接伸到桥架、槽盒内侧，插入槽盒内不大于2mm；钢制桥架在槽盒内侧进行点焊。

4）温度计、压力（差压）变送器、压力开关、温度开关、液位开关、液位变送器及单个电磁阀使用12.7mm保护管及金属软管；电动门、电动调节门、电动执行机构使用一根1.5英寸的保护管及金属软管。

5）同一设备用多根保护管，建议改用100mm×50mm小槽盒，在槽盒的侧面开孔用接头与软管连接至设备；到电动门的多根电缆，合用一个进线孔，用1～2根保护管、软管与设备连接。

6）至气动门的电磁阀，行程开关等设备的电缆可考虑采用F形加工件（F形三通或四通）。

7）在100mm×50mm的槽盒侧面直接开孔使用12.7mm软管引至设备接口。

8）保温箱、保护箱、电磁阀箱、接线盒等宜使用100mm×100mm或100mm×50mm的槽盒，特殊的设备视情况而定。

（4）保护管安装质量工艺目标：单管敷设时，应横平、竖直；成排敷设时，管口平齐、间距均匀、固定牢固、弯头弧度一致；所有的软-硬管接头必须拧紧；金属软管专用接头密封连接，排列整齐，弧度一致，预留长度合适。

3. 电缆敷设施工工艺控制要点

（1）领取电缆，绝缘测试。

1）班组按照技术员开列的电缆清册，仔细检查、认真核对电缆的型号、规格及数量，确保准确无误。

2）领取电缆后，使用兆欧表对每盘电缆进行绝缘测量，及时填好测试记录。

每盘电缆只需要在第一次敷设使用时进行绝缘测试。

（2）电缆敷设交底、培训。

1）沿电缆的敷设路径，清理电缆桥架、槽盒里面的杂物，特别是集控室、电子间电缆夹层、主厂房区域的电缆桥架或电缆槽盒。

2）对易损伤电缆的桥架、槽盒的弯头、三通、四通、转角、变径等部位，做好防护措施（包扎破布等），敷设时安排专人监督，防止在电缆敷设中划伤电缆绝缘层。

3）电缆敷设主要负责人，应明确电缆的主要走向、路径、层数；明确就地设备位置；严防电缆出现走错路径、层次及放错位置的现象。

4）电缆敷设主要负责人做到：

a. 清楚所使用的电缆型号、规格；严禁出现漏挂、错挂电缆牌子、用错电缆的规格与型号。

b. 电缆牌子应设挂在距离电缆头400mm的位置，必须黏贴牢固，防止丢失。

c. 将电缆头及时做好封口，防止降低电缆的绝缘性能。

d. 及时做好敷设记录，记好米记，以备统计电缆敷设的总量。

5）所有参加电缆敷设的人员必须经过电缆绑扎、编线等培训，并参加技术人员对电缆敷设的作业文件交底签字后，方可参加电缆敷设工作。

（3）电缆整理、编线绑扎。

1）电缆绑扎使用的扎线规格：截面$0.5mm^2$；颜色统一为蓝色或绿色。

2）桥架上绑扎第一根电缆，应先从桥架内边缘绕横档固定，每隔50mm在横档上等间距固定；要求每敷设完一根电缆及时绑扎好。

3）在电缆桥架或槽盒的弯头、三通、四通，电缆的大、小竖井，跳弯、变径及电缆分支架的垂直段等位置，使用绑线一次性绑扎。

（4）电缆整理编线具体要求。

1）编线必须成为直线，直线段上编线要与桥架的边缘垂直，编线间距应做到均匀；电缆绑扎用的编线不能出现脱皮现象。

2）弯头、三通、四通以及垂直段上的每个横撑都必须绑扎，水平直线段每间隔一个横撑进行绑扎。

3）编线规定：垂直安装的桥架，要以横撑的上侧边缘为标准线编线；南北方向安装的桥架以桥架横撑的南侧边缘为标准线编线，由南北方向向东西方向过度时，向东的方向直线段要以桥架横撑的西侧边缘为标准线编线，向西的方向直线段要以桥架横档的东侧边缘为标准线编线。

4）相邻的电缆桥架之间编线位置要统一一致；最后一根电缆应与下层电缆或桥架横撑绑扎固定，并将绑线头剪掉或隐蔽。

5）电缆桥架内的第二层电缆整理，直线方向以500mm等间距绑扎；梯架形式的电缆大竖井每400mm等间距绑扎；垂直方向的电缆分支架、槽盒要求300mm等间距绑扎。

6）电子间、控制室的上盘电缆整理，绑扎时应在桥架的两横撑中间再增加一道编线，电缆交叉应设在盘底部的防火封堵范围内。

（5）电缆敷设中发现的任何电缆问题，电缆敷设人员必须及时上报电缆技术员不得擅自处理。电缆敷设过程中班长、技术员、质检员要亲临现场监督、指导、解决问题，真正做好电缆敷设工艺质量控制，做到一次成优。

（6）电缆敷设工艺质量目标：电缆弯曲弧度一致、排列紧密、无交叉；绑线松紧适度；编线必须成为直线、相互间距均匀；层间编线位置一致；避免出现交叉、压叠现象。达到电缆排列、整齐、美观。

4. 热控仪表管路施工工艺控制要点

（1）安装前做好检查，确保管子合格。

1）应按设计、图纸，核实仪表管的材质及规格。

2）合金钢管应做光谱分析并有光谱标识。

3）外观检查，不应有明显的损伤、裂纹。

4）检查管子内部清洁度：用洁净的压缩空气对管道内部进行吹扫，达到清洁畅通。管端应临时封闭，避免脏物进入。

5）检查仪表管的平直度，不平直的，必须先进行调正。

（2）一般要求。

1）管路应按设计的位置敷设，或按现场具体情况合理敷设，不应敷设在有碍检修、易受机械损伤、腐蚀和有较大震动处。

2）油管路离开热表面保温层的距离不小于 150mm，严禁平行布置在热表面上部。

3）管路敷设在地下及穿越平台或墙壁时应加保护管（或加保护罩），保护管露出的高度、长度应一致为25～30mm。

4）管路沿水平敷设时应有一定的坡度，差压管路应大于1:12，其他管路应大于1:100；管路倾斜方向应能保证排除气体或凝结液，否则应在管路的最高或最低点装设排气或排水阀门。

5）测量凝汽器真空的管路应朝凝汽器向下倾斜，不允许出现积水现象。

6）测量气体的导管应从取压装置处先向上引出，向上高度不宜小于600mm，其连接接头的孔径不应小于导管内径。

7）敷设管路时必须考虑主设备及管道的热膨胀，并应采取补偿措施，以保证管路不受损伤。

8）差压测量的正、负压管路，其环境温度应相同，并与高温热表面隔开。

9）管子接至仪表、设备时，接头必须对准，不得承受机械应力。

10）测量管路的最大允许长度应符合下列规定：

a. 压力测量管路不大于150m。

b. 微压、真空测量管路不大于100m。

c. 水位、流量测量管路不大于50m。

（3）仪表管弯制。

1）采用冷弯方法。

2）弯制前应先调整管子的直线度，严禁随意用手工扳弯。

3）弯曲半径，应不小于管子外径的3倍。

4）管子弯曲后应无裂缝、凹坑；弯曲断面的椭圆度不大于10%。

（4）采用可拆卸的单、双管卡或排卡，固定在支架上。

1）单根管固定应使用单管卡，严禁使用双管卡。

2）仪表管与管卡之间的连接螺栓穿装方向应一致；管卡螺栓紧固后，外露丝扣不宜过长，应在3～5扣，否则应剪短。

3）仪表管分支时，应采用与导管材质相同的三通，不得在导管上直接开孔焊接。

4）不锈钢仪表管与碳钢的支吊架及管卡之间应加隔离材料。

（5）仪表管穿越格栏栅平台，需认真确定位置。

1）保护管穿越格栅平台时，必须认真确定位置。格栏栅开孔，要使用钢锯或切割机，严禁使用电火焊。

2）孔的四周应采用与肋条同规格的扁钢封闭，肋条与扁钢满焊，或者用L30×3mm的角钢做框架（框架大小、尺寸要适宜），肋条与角钢满焊，对格栏栅做好防护。

（6）仪表管排污母管安装。管路的排污阀门应装设在便于操作和检修的地方，其排污情况应能监视。排污阀门下应装有排水母管（排水槽和排水管）并引至排水沟或排水管。

1）排污的仪表管管口要与排污母管上面开好的孔正对，严禁存在错口现象。

2）排污母管上面开槽的情况，平时要做好防护，以免进入混凝土等造成母管堵塞，在机组试运投表前再解除防护。

3）母管上开槽，加折叠盖子。

4）排污母管安装，应有微小坡度。

（7）安装取源部件及管路敷设要考虑保温的厚度，避免将阀门及管子包在保温层内。就地压力表要加装环型弯或U形弯，并且固定牢固。所有管路在安装后，根据图纸进行逐根核查，由技术员、质检员实施，并有记录。

（8）管路敷设完毕，应无漏焊、堵塞和错接，并按规范要求做严密性试验。高温高压取样一次门及门前管路应参加水压试验。宜减少交叉和拐弯。仪表管焊口或气源管接头排列美观。

（9）仪表管敷设后应采取保护措施；仪表管无变形现象。

（10）仪表管安装工艺质量目标：布置合理，排列整齐、美观，间距均匀；管卡齐全、弯头弧度一致；变送器安装整齐、美观，固定牢固，配管间距均匀，阀门安装端正、标高一致。

5. 热控就地仪表施工工艺控制要点

（1）一般要求。

1）仪表接头、取源部件的垫片应齐全：材质应满足设计要求；对于紫铜密封垫，必须退火处理后使用；密封垫应完好、丝扣整齐。

2）就地仪表、温度计、变送器、开关等仪表设备安装后，应有标明设计编号、名称及用途的标志牌。挂牌应正确、齐全、规范、牢固。

3）温度、压力等取源部件的开孔、施焊及热处理工作，必须在热力设备或管道衬里、清洗和严密性试验前进行。不得在已封闭和保温的热力设备或管道上开孔、施焊。

4）在热力设备和压力管道上开孔，应采用机械加工的方法。开孔严禁采用火焊。开孔之后的氧化铁、碎铁屑等必须清理干净，保证管道内部清洁。取样开孔后，仪表安装前必须及时做好临时封口。

5）安装在露天场所时，应有防雨、防冻措施，有粉尘的场所应有防尘密封措施。

6）取源部件及敏感元件应设置在能真实反映被测介质参数，便于维护检修且不易受机械损伤，并符合规范要求。

7）取源部件的材质应与热力设备或管道的材质相符。合金钢材安装后必须进行光谱分析复查合格并有记录。

8）安装取源部件时，插座和接管座不可设置在焊缝或热影响区内。

9）相邻两测点之间的距离应大于被测管道外径，但不得小于 200mm。当压力取源部件和测温元件在同一管段上装设时，按介质流向压力在前，温度在后。

10）对中、高压的压力、流量取源部件，应加装焊接取源短管。取源阀门应尽量靠近测点和便于操作，并固定牢固。

11）测量管路的取源阀门前应焊接式连接，不宜采用卡套式接头。

12）严禁在蒸汽管道的监察段上开孔和安装取源部件。

13）应清理所有仪表设备、保护管、软管等在施工过程中临时粘贴的电缆牌子。

14）施工、调试中应注意补齐全：温度计、行程开关、端子箱、接线盒盖子上缺少的螺丝，严禁变送器橡皮密封圈丢失；备用接线端子少螺丝等。

（2）压力和差压指示仪表及变送器。

1）就地安装的指示仪表，其刻盘中心距地面的高度宜为：压力表 1.5m；差压计 1.2m。

2）测量蒸汽、水及油的就地压力表，当被测介质温度高于 60℃时，就地压力表仪表阀门前应装设 U 形或环形管，当只有取源阀时，则在其前装设。

3）测量波动剧烈的压力，应在仪表阀门后加装缓冲装置。

4）测量真空的指示仪表或变送器应设置在高于取源部件的地方。

5）测量蒸汽或液体流量时，差压仪表或变送器宜设置在低于取源部件的地方；测量气体压力或流量时，差压仪表或变送器宜设置在高于取源部件的地方。否则，应采取放气或排水措施。

6）差压仪表正、负压室与导管的连接必须正确。蒸汽及水的差压测量管路，应装设排污阀和三通阀，但燃油及燃气流量、差压测量不应装设排污阀。凝汽器真空和水位测量严禁装设排污阀。

7）仪表或变送器安装在保温（护）箱内时，导管引入处应密封；应在箱外配置排污阀。仪表阀门和排污阀的型号、规格应符合设计规定，安装时严禁错用。

8）变送器安装：布置在靠近取源部件和便于维修的地方。

a. 变送器一般以大分散、小集中为原则，布置在靠近取源部件和便于维修的地方，并适当集中。

b. 变送器仪表架制作时，高度应为 1.2m，统一使用不大于 L50×5mm 的角钢，避免使用槽钢。

c. 变送器仪表架安装前必须正确确定标高：排污母管最低点高出最终地面

50mm，严禁紧贴地平面或埋在地面内，无法排污。

d. 安装后的仪表架必须固定牢固。排污母管的安装应留有坡度。

e. 变送器配管规范，焊口排列、焊接工艺美观；油漆完整均匀。

f. 所有的仪表阀门、排污阀门等要安装端正、排列整齐，美观。

（3）开关量仪表。

1）应安装在便于调整、维护，震动小和安全的地方。

2）应安装牢固，触点动作应灵活可靠。

3）轴承润滑油压力开关应与轴承中心标高一致，否则整定时应考虑液柱高度的修正值。为便于调试，应装设排油阀及调校用压力表。

4）安装浮球液位开关时，法兰孔的安装方位应保证浮球的升降在同一垂直面上；法兰与容器之间连接管的长度，应保证浮球能在全量程范围内自由活动。

（4）温度计安装。

1）测温器件应装在测量值能代表被测介质温度处，不得装在管道和设备死角处。

2）热电偶或热电阻装在隐蔽处或机组运行中人无法接近的地方时，其接线端应引到便于检修处。

3）热电偶或热电阻保护套管及插座的材质应符合被测介质及其参数的要求。

4）测温器件的插座及保护套管应在热力系统压力试验前安装。

5）采用螺纹固定的测温器件，安装前应检查插座螺纹和清除内部氧化层，并在螺纹上涂擦防锈或防卡涩的涂料。测温器件与插座之间应装垫片，并保证接触面严密连接。若插座全部在保温层内，则应从插座端面起向外选用松软的保温材料进行保温。

6）水平安装的测温器件，若插入深度大于 1m，应有防止保护套管弯曲的措施。

7）风粉管道上安装的测温器件，应装有可与测温器件一同拆卸的防磨损保护罩或其他防磨损措施。

8）在直径为 76mm 以下的管道上安装测温器件时，如无小型测温器件，宜采用装扩大管的方法。在公称压力等于或小于 1.6MPa 的管道上安装测温器件，也可采用在弯头处沿管道中心线迎着介质流向插入。

9）双金属温度计应装在便于监视和不易机械碰伤的地方，其感温元件必须全部浸入被测介质中。

10）压力式温度计的温包必须全部浸入被测介质中。毛细管的敷设应有保护措施，其弯曲半径应不小于 50mm，周围温度变化剧烈时，应采取隔热措施。

11）插入式热电偶和热电阻的套管，其插入被测介质的有效深度应符合下列要求：

a. 高温高压（主）蒸汽管道的公称通径不大于 250mm 时，插入深度宜为 70mm；公称通径大于 250mm 时，插入深度宜为 100mm。

b. 一般流体介质管道的外径不大于 500mm 时，插入深度宜为管道外径的 1/2，外径大于 500mm 时，插入深度宜为 300mm。

c. 烟、风及风粉混合物介质管道，插入深度宜为管道外径的 1/3～1/2。

d. 回油管道上测温器件的测量端，必须全部浸入被测介质中。

12）测量粉仓煤粉温度的测温器件，宜从粉仓顶部垂直插入并采取加固措施，其插入深度宜分上、中、下三种，可测量不同断面的煤粉温度。

13）磨煤机入口热风温度的测温器件，应设置在落煤管前。

14）安装在高温、高压汽水管道上的测温器件，应与管道中心线垂直。

15）汽轮机内缸的测温器件应安装牢固，紧固件应锁住，且测温元件便于拆卸，引出处不得渗漏。

16）测量金属温度的热电偶，其测量端应紧贴被测表面且接触良好，被测表面有保温设施的应一起加以保温。

17）测量锅炉过热器、再热器管壁温度的热电偶，其测量端宜装在离顶棚管上面 100mm 内的垂直管段上，当锅炉结构不允许时，可适当上移，但装于同一过热器或再热器上的各测点的标高应一致。焊接工作应在水压试验前进行。

18）测量汽轮机前导汽管壁温的热电偶，其测量端应安装在水平管段的下部。

19）汽轮机防水保护的测温器件安装部位和插入深度应符合设计或制造厂的规定。

20）已安装的测量管壁温度铠装热电偶，应有防止因现场施工而被损坏的措施。若因损坏而需现场修复，则其绝缘电阻应大于 1000MΩ/m。

21）测量汽轮机轴瓦温度的备用热电阻，也应将其引线引至接线盒。

（5）压力。

1）压力测点位置的选择应符合下列规定：

a. 测量管道压力的测点，应设置在流速稳定的直管段上，不应设置在有涡流的部位。

b. 压力取源部件与管道上调节阀的距离：上游侧应大于 $2D$；下游侧应大于 $5D$（D 为工艺管道内径）。

c. 测量低于 0.1MPa 的压力时，应尽量减少液柱引起的附加误差。

d. 炉膛压力取源部件的位置应符合锅炉厂规定，宜设置在燃烧室火焰中心的上部。

e. 锅炉各一次风管或二次风管的压力测点至燃烧器之间的管道阻力应相等。

f. 中储仓式制粉系统磨煤机前、后风压取源部件，前者应装设在磨煤机入口颈部，后者应装设在靠近粗粉分离器的气粉混合物管道上。

g. 汽轮机润滑油压测点应选择在油管路末段压力较低处。

2）水平或倾斜管道上压力测点的安装方位应符合下列规定：

① 测量气体压力时，测点在管道的上半部。

② 测量液体压力时，测点在管道的下半部与管道的水平中心线成 45° 夹角的范围内。

③ 测量蒸汽压力时，测点在管道的上半部及下半部与管道水平中心线成 45° 夹角的范围内。

3）测量带有灰尘或气粉混合物等介质的压力时，应采取具有防堵和/或吹扫结构的取压装置。取压管的安装方向应符合下列规定：

a. 在垂直的管道、炉墙或烟道上，取压管应倾斜向上安装，与水平线所成的夹角应大于 30°。

b. 在水平管道上，取压管应在管道上方，宜顺流束成锐角安装。

4）风压的取压孔径应与取压装置外径相符，以防堵塞。取压装置应有吹扫用的堵头和可拆卸的管接头。

5）压力取源部件的端部不得超出被测设备或管道的内壁（测量动压力者例外）。

（6）就地仪表安装工艺质量目标：安装符合规程、规范要求；仪表设备的仪表管、电缆保护管、软管走向合理，安装规范；所有仪表设备挂牌整齐、齐全、统一、正确；仪表架上变送器、压力开关、压力表等仪表配管及仪表阀门、排污阀门等排列整齐、美观。

6. 电防火封堵施工工艺控制要点

（1）电缆防火封堵的施工应符合设计规定。

（2）防火材料应有产品合格证，使用方法应符合制造厂的规定。

（3）防火包排列应牢固严实、无可见孔隙。

（4）无机防火堵料凝固后，无脱落或开裂现象、不得有粉化和不硬化现象。

（5）防火涂料的涂刷表面应光洁，无明显厚薄不均，不应有漏涂现象。

（6）防火封堵结束，应做好防护，确保机组移交前完整无损。

（7）就地所有仪表保护（保温）箱、柜、盘、接线盒内部有不用的孔洞，全部应进行防火封堵。

（8）安装工艺质量目标：防火包排列严实、表面平整。防火涂料涂刷表面均匀，无漏涂、无裂痕。防火隔板安装完整、齐全、连接紧密。有机防火胶泥安装平直、光洁、成型美观。

7. 接地装置

（1）接地装置施工工艺的策划。

1）接地装置应严格按照设计施工图和《电气装置安装工程　接地装置施工及验收规范》（GB 50169—2016）和《电气装置安装工程　质量检验及评定规程　第6部分：接地装置施工质量检验》（DL/T 5161.6—2002）的要求进行。

2）在设备接地线安装前应查阅技术资料，确认设备接地端子的位置。主接地网接地因出线要尽量靠近设备的接地端子。

3）接地线安装宜在设备或钢结构的基础完成后进行。

4）明敷接地扁钢在安装前需平整，确保安装横平竖直。

5）接地线安装应做到“明显、可测、可靠、统一”。

6）同一区域接地装置的安装形式、安装方向、高度和条纹标识宽度应统一规范。

（2）接地装置施工工艺的控制。

1）接地线的连接应采用焊接，焊接必须牢固无虚焊。接至电气设备上的接地线应用镀锌螺栓连接；当有色金属接地线不能采用焊接时，可用螺栓连接、压接、热剂焊方式连接，用螺栓连接时应设防松螺母或防松垫片。不同材料接地体间的连接应进行过渡处理。

2）接地线的焊接应采用搭接焊，其搭接长度应符合以下要求：

a. 扁钢为其宽度的2倍（且至少3个棱边焊接）。

b. 圆钢为其直径的6倍。

圆钢与扁钢连接时，其长度为圆钢直径的6倍。

3）采用铜绞线等做接地线时，宜用压接端子与接地体连接。压接工艺要可靠。

4）每个电气装置的接地应以单独的接地线与接地干线相连接，严禁在一个接地线中串接几个需要接地的电气装置。重要设备和设备构架应有两根与主地网不同地点连接的接地引下线。

5）明敷接地线的安装应符合下列要求：

a. 接地线沿建筑物墙壁水平敷设时，离地面距离宜为250～300mm；接地线与建筑物墙壁间的间隙宜为10～15mm。

b. 接地线支持件间的距离，在水平直线部分宜为0.5～1.5m；垂直部分宜为1.5～3m；转弯部分宜为0.3～0.5m。

c. 接地线应按水平或垂直敷设，亦可与建筑物倾斜结构平行敷设；在直线段上不应有高低起伏与弯曲等现象。

d. 在接地线跨越建筑物伸缩缝、沉降缝处时，应有补偿措施；在接地线穿越墙体、楼板等建筑物时，必须设置保护套管。

6）明敷接地线，应在导体全长度或区间及每个边接部位附近的表面，涂以15～100mm宽度相等的黄、绿相间的条纹标识。中性线宜涂淡蓝色标识。

7）在接地线引向建筑物的入口处和检修用临时接地点处，均应刷或贴白底黑色标识，其代号为“⏚”。同一接地体不应出现两种不同的标识。

8）GIS（全部或部分采用气体而不采用处于大气压下的空气作为绝缘介质的金属封闭开关设备）的外壳应按照制造厂规定接地；法兰片间应采用跨接线连接，并应保证良好的电气通路。接地线与GIS接地端子应采用螺栓连接方式。

9）沿电缆桥架敷设镀锌扁钢、铜绞线接地线，应在连通后与接地干线连接，电缆桥架接地时应符合下列要求：

a. 电缆桥架全长不大于30m时，不应少于2处与接地干线相连。

b. 全长大于30m时应每隔20～30m增加与接地干线的连接点。

c. 电缆桥架的起始端和终点端应与接地网可靠连接。

10）金属电缆桥架的接地应符合：

a. 电缆桥架的连接部位宜采用两端压接镀锡铜鼻子的铜绞线跨接。跨接线最小允许截面积不小于$4mm^2$。

b. 镀锌电缆桥架间连接板的两端不跨接接地线时，连接板每端应有不少于2个有防松螺母或防松垫圈的螺栓固定。

11）保护屏应装有电缆屏蔽层专用接地铜排与接地端子，并用截面不小于$4mm^2$的多股铜线和接地网连通。各保护屏的专用接地铜排相互连接成环，与控制室的屏蔽接地网连接，用截面不小于$100mm^2$的绝缘导线或电缆将屏蔽接地网与一次主接地网直接相连。

12）电气设备与基座接地连接应采用螺栓连接方式。

13）就地控制箱、盘、柜外壳保护接地可采用扁钢或铜辫子线连接，接地标识清晰。

8. 二次接地

（1）二次接地施工工艺的策划。

1）施工前，由技术负责人组织接线施工人员进行统一的接线工艺要求交底。

2）电缆剥切做头长度、样式一致，固定绑扎纵向垂直、横向成排。电缆号牌整齐划一、字迹清晰。

3）电缆头制作前，按照端子排布置从“上到下、从内到外”的电缆编排原则，对进入盘内的电缆进行合理的绑扎。线束绑扎要求均匀、牢固。

4）导线成束绑扎间距均匀、走向布置干净利索、整齐、美观，同侧端子芯线标号套管长度一致。

5）电缆屏蔽接地线排列布置整齐，绑扎合理、接线无交叉。

6）当盘柜内由于电缆较多对电缆整齐排列有困难时，可错层交叠，但错开的距离要统一、错开的距离等同电缆号牌的长度为宜。

（2）二次接线施工工艺的控制。

1）专人专柜接线。

2）接线场地周围照明设施齐全，环境整洁，具备接线条件。

3）设计施工图经会检确认。

4）当盘内电缆较多时，电缆固定可采用分层的方式。

5）控制主线束邦扎间距一般为 100mm，分线束邦扎间距一般为 50mm。线束应做到横平竖直、走向合理、整齐、美观。备用芯按要求统一放置在端子排远端。

6）电缆头的制作和固定工艺要求：

a. 电缆做头时应考虑电缆的预留量，并与盘内的电缆预留量保持一致，电缆破割点必须高于盘底的电缆封堵层，同时又不能离端子排过近而影响芯线的正常走向。在电缆做头时，注意不能伤及内绝缘层和芯线。

b. 电缆头制作前，应根据电缆的规格、型号选择对应规格的热缩套管工艺，同一工程的热缩套管颜色应统一。

c. 盘底 200mm 处应设置电缆头固定横档，也可根据盘柜内空间的大小及电缆数量适当调整，但须保证均匀、整齐、美观。

d. 盘柜内电缆的屏蔽层应从电缆头下部背后穿塑料管引出。引出铜线接至盘柜内专用接线柱上。

7）电缆标识牌要求统一使用白色的，打印字迹清晰、字体统一，标牌排列整齐。电缆标识牌上应标明电缆的编号、起点、终点、型号、规格等。

8）标号套管应根据芯线截面选择，标号套管上应标明电缆编号（电气回路号）、端子号、芯线号。

9）标号套管长度要一致，标号套管打印时应注意两端的对称性，字迹大小适宜，字迹清晰。

10）线束绑扎前电缆芯线必须完全松散再进行拉直，不能损伤绝缘或线芯。

11）同一盘内的线芯束要求排列整齐、美观，主线束与分线束必须圆滑过渡。分线束与主线束绑扎后应保持直角。

12）单芯导线接线时应顺时针方向弯圈连接；多股软线应采用接线鼻子压接连接，每个接线端子上接线不得超过 2 根。线芯与端子的固定必须牢固，接触良好，无松动现象。

13）在调试过程中或设计变更时如果需要对盘、柜内二次接线进行修改，在修改后应与盘柜内电缆及导线进行必要的整理。

9. GIS 安装

（1）GIS 安装工艺策划。

1）GIS 仓位整体布置合理，在就位前中心划线与安装参考点定位上做到精确一致。

2）充气小管路与控制电缆布置走向横平竖直、弯头自然。

3）支架制作做工细腻，安装形式一致，焊接成型美观。

4）GIS 装置法兰间接地跨条规格适宜，安装位置合理。

5）GIS 机座固定或连接法兰的螺栓应朝向一致，露口符合规范的要求。

6）GIS 安装过程中做好内部清洁度与防尘防潮控制措施。

7）其他安装细节如保护管配置合理、接地规范、油漆完整无色差，相色标志鲜艳、铭牌清晰。

（2）GIS 安装工艺控制。

1）GIS 现场保管要求按原包装置于平整、无积水、无腐蚀性气体的干燥仓库内，并垫上枕木按编号分组保管。充有六氟化硫气体运输的组件，应按产品技术规定检查压力值和含水量，并做好记录。

2）土建交付安装条件。

a. 门窗安装完毕。

b. 预埋件与预孔符合设计要求预埋件应牢固。

c. 室内墙面、地面施工完，移交安装后不再进行装饰工作。

3）组织施工人员熟悉、审核制造厂提供的技术文件与设计施工图纸的一致性。掌握工艺要求与专用工具、仪器的使用方法，特别要控制 GIS 安装期间周围环境的清洁度与湿度。

4）GIS 现场安装的单元间隔、附件、备件、专用工器具与专用材料应置于安装位置附近，并设专门料架或摆放区域分组编号。

5）在装配前检查所有单元组件应完整无损、清洁无锈蚀现象，螺栓齐全，紧固无松动，支架与接地引线无锈蚀或损伤。

6）设备开箱应在室内进行，同时避免雨天作业。

7）用经纬仪、水平仪测量预埋槽钢误差：同相控制在 2mm 以内；相间标高不得大于 5mm；GIS 轴线与室内出线孔轴线的标高偏差不得大于 5mm。

8）标高和垂直度调整好后，将 GIS 底座点焊固定，待母线连通管、TA、TV 等组件安装完毕后再满焊固定。

9）拼装前清洁 GIS 内外部。

10）GIS 所有部件在工作间隙时必须采取密封措施，每天工作完毕后须清点所有工具是否齐全。

11）母线导体连接前，全面检查确认内部导体的所有接触面清洁干净，涂上润滑脂，并确认无任何杂物。

12）法兰连接前检查密封圈表面是否完好，对母线筒内再次进行检查确认内部清洁，无遗留物。

13）凡在法兰连接处，均应安装接地跨条，以保证整个接地回路的连接可靠。

14）GIS 充气前应检查气体的纯度是否符合标准，含水量指标不大于 8μg/g。

15）GIS 整体安装检查：

a. GIS 所有安装工作已经完成，外表清洁，油漆完整，相色标志清晰。

b. 传动机构的联动正常，无卡阻现象。分、合闸指示正确，辅助开关与电气闭锁动作可靠。

10. 成套配电柜

（1）成套配电柜安装工艺策划。

1）成套配电柜安装前核实盘柜位置与尺寸，以保持柜面安装后平直。

2）盘柜安装后保持盘面整洁完整无缺件。柜内清洁，电器元件完好，无施工痕迹。

3）盘柜基础与接地网接地连接标识规范，柜体与基础接地连接确保可靠。

4）做好盘柜成品保护措施，防止配电柜表面受到二次污染。

（2）成套配电柜安装工艺控制。

1）复核土建预孔尺寸与设计图纸是否一致，确认基础毛地坪已经具备安装条件。

2）型钢组合误差控制：不直度小于1mm/m，对角线小于1mm/m，全长小于5mm。基础型钢安装允许误差控制：基础中心线误差小于±5mm；水平度小于1mm/m，全长小于5mm；不直度小于1mm/m，全长小于5mm；不直度小于1mm/m，全长小于5mm。

3）基础型钢表面清理干净、无尘土、无焊渣等。

4）组合后的基础型钢涂刷防锈漆防腐，漆面均匀完整。

5）基础安装标高应以所在楼面的竣工地坪标高为准，具体要求是：

a. 固定式盘柜基础与地面标高差+10mm。

b. 小车式盘柜基础与地面标高须一致。固定式盘与小车柜在同一段时，基础标高与地面平齐。

c. 当设计与盘柜制造厂有特殊制造要求时，应符合设计与制造厂要求。

6）预埋件与基础间接焊接必须牢固，基础型钢内侧二次灌浆严实，并低于基础型钢。

7）基础型钢应可靠接地，与主接地网连接的接地点数每列不少于2点。接地连接牢固，接地扁钢搭接长度不小于2倍扁钢宽度，至少三个棱边焊接，焊缝完整饱满，焊接处应涂刷防锈漆。

8）配电柜运输、搬运、就位应控制平稳，受力要均匀防止柜体变形，并做好柜面防护措施。

9）配电柜吊装就位应使用转眼的尼龙吊带，不得使用钢丝绳，以免损坏漆面。

10）从成列柜外侧两端的柜正面拉一直线，以此为基础调整各柜面平直。

11）用线锤检查垂直度误差：柜垂直度误差不大于1.5mm/m，并测试前后两个屏面。

12）相邻两柜顶部水平度控制误差小于 2mm，成列柜顶部水平度误差小于5mm，相邻两柜边不平度小于 1mm，成列柜面不平度小于 5mm，柜间接缝间隙应小于2mm。

13）柜间紧固螺栓应采用镀锌件，螺栓露扣长度2～3扣。

14）配电柜与基础型钢固定无特别要求的可采用焊接，柜内侧四角各焊一处，焊接长度控制在20～40mm，焊缝清理干净后涂防锈漆与面漆。

15）配电柜柜面外观应完整无损，标志清晰；柜内设备应完整、附件齐全，固定牢靠。

16）配电柜标志牌和设备铭牌完整、清晰，并置于明显位置。

17）柜内的二次接线应整齐、美观、可靠。

第七节 质量管理（QC）小组

一、QC小组的概念

在1997年3月20日由原国家经济贸易委员会、财政部、中国科学技术协会、中华全国总工会、共青团中央、中国质量管理协会联合颁发的“印发《关于推进企业质量管理小组活动意见》的通知”中指出，QC小组是“在生产或工作岗位上从事各种劳动的职工，围绕企业的经营战略、方针目标和现场存在的问题，以改进质量、降低消耗、提高人的素质和经济效益为目的的组织起来，运用质量管理的理论和方法开展活动的小组。”QC小组是企业中群众性质量管理活动的一种有效的组织形式，是职工参加企业民主管理的经验同现代科学管理方法相结合的产物。

QC小组的性质：QC小组是企业中群众性质量管理活动的一种有效的组织形式，是职工参加企业民主管理的经验同现代科学管理方法相结合的产物。QC小组同企业中的行政班组、传统的技术革新小组有所不同。主要在于：

（1）组织的原则不同。行政班组一般是企业根据专业分工与协作的要求，按照效率原则，自上而下地建立，是基层的行政组织；QC小组通常是根据活动课题涉及的范围，按照兴趣或感情的原则，自下而上或上下结合组建的群众性组织，带有非正式组织的特性。

（2）活动的目的不同。行政班组活动的目的是组织职工完成上级下达的各项生产经营任务与技术经济指标；而QC小组则是以提高人的素质，改进质量，降低消耗和提高经济效益为目的，组织起来开展活动的小组。

（3）活动的方式不同。行政班组的日常活动，通常是在本班组内进行，而QC小组可以在行政班组内组织，也可跨班组、部门、车间来组织，以便于开展活动。

QC小组与传统的技术革新小组也有所不同。虽然有的QC小组也是一种“三结合”的搞技术革新的组织，但传统的技术革新小组侧重于用专业技术进行攻关。而QC小组活动的选题要比技术革新小组广泛得多，而且在活动中强调运用全面质量管理的理论和方法，强调活动程序的科学化。

二、QC小组的特点

1. 明显的自主性

QC 小组以职工自愿参加为基础，自主管理，自我教育，互相启发，共同提高，充分发挥小组成员的聪明才智和积极性、创造性。

2. 广泛的群众性。

QC 小组是吸引广大职工群众积极参与质量管理的有效组织形式，不仅包括领导人员、管理人员、技术人员，而且更注重吸引生产、服务工作第一线的员工参加。广大职工群众在 QC 小组活动中群策群力分析问题，解决问题。

3. 高度的民主性。

QC 小组长可以是民主推选的，也可以由 QC 小组成员轮流担任课题组长，在 QC 小组内部讨论问题和解决问题时，小组成员间是平等的不分职务与技术等级高低，高度发挥民主，各抒己见，互相启发，集思广益。以保证既定目标的实现。

4. 严密的科学性。

QC 小组在流动中遵循科学的工作程序，步步深入地分析问题、解决问题，在活动中坚持用数据说明问题，用科学方法分析与解决问题。

三、QC小组的分类

按照 QC 小组活动的课题与参加的人员的特点，可以把 QC 小组分为现场型、攻关型、管理型、服务型、创新型五种类型。

1. 现场型 QC 小组

它是以改进现场存在的问题为课题，以班组和工序现场的操作工人为主体组成，以稳定工序质量，改进产品质量，降低消耗，改善生产环境为目的，活动的范围主要是在生产现场。它一般选择的课题较小，难度不大，是小组成员力所能及的，活动周期较短，比较容易出成果，但经济效益不一定大。

2. 攻关型 QC 小组

它通常是由领导干部、技术人员和操作工人三结合组成，以解决关键问题为目的，课题难度较大，活动周期较长，需投入较多的资源，技术经济效益显著。这类 QC 小组在中国的 QC 小组中占的比例较大。

3. 管理型 QC 小组

它是由管理人员组成，以提高业务工作质量和效率，解决管理中存在的问题，提高管理水平为目的。这类小组的选题有大有小、课题难度也不相同，效果也差别较大。

4. 服务型 QC 小组

它是由从事服务工作的职工组成，以推动服务工作标准化、程序化、科学化，提高服务质量和经济、社会效益为目的。一般活动课题不大，活动时间不长，见效较快。经济效益不一定大，但社会效益往往比经济效益明显。

5. 创新型 QC 小组

用创新的方法，达到有挑战性的目标，取得成果的 QC 小组。创新型小组是近几年来新兴的一种形式，是社会发展的产物，现被广泛的采用。

四、QC 小组活动的宗旨

QC 小组活动的宗旨即 QC 小组活动的目的和意义，可以概括为以下三个方面：

（1）提高职工素质，激发职工的积极性和创造性。广大职工在平凡的岗位上，通过开展 QC 小组活动，发现问题、分析问题、解决问题，改进工作和周围环境，从中获得成功的乐趣，体会到自身的价值和工作的意义，体验到生活的充实与精神的满足。人们有了这样的感受，便会激发出巨大的积极性和创造性，自身的潜能才会得到更大程度的发挥。

（2）改进质量，降低消耗，提高经济效益。广大职工通过开展 QC 小组活动，不断改进产品质量、工作质量、服务质量，不断提高生产、服务、工作效率，不仅关系个人利益，而且关系企业兴衰和社会经济效益。降低消耗即包括物质资源的消耗，也包括人力资源的消耗。因此，QC 小组活动必须以提高质量，降低消耗，提高经济效益为宗旨，注意选择有关这方面的课题，开展扎实的活动，取得实效。

（3）建立文明的、心情舒畅的生产、服务、工作现场。现场是职工从事各种劳动，创造物质财富和精神文明的直接场所，因此通过开展 QC 小组活动，改善现场管理，建立一个文明的、心情舒畅的现场是至关重要的。通过开展“5S”活动，是加强现场管理，创造良好工作环境的重要内容和有效方法。“5S”就是指整理、整顿、清扫、清洁、素养五个方面的工作。整理：将现场需要的东西与不需要的东西分开，把不需要的东西处理掉。整顿：把要用的东西根据使用频率分别放置，使常用的东西能及时、准确地取出，保持必要时马上能使用的状态和谁都了解的状态。清扫：去除现场的脏物、垃圾、污点，经常清扫、检查，形成制度。清洁：企业、现场、岗位、设备时时保持干净状态，保持环境卫生，使现场明亮化。素养：加强修养，美化身心，养成良好的习惯，自觉遵守和执行各种规章制度和标准。"5S"活动内容可以纳入QC小组活动的课题，通过QC小组活动，改善现场环境。

五、QC小组的组建

1. 组建QC小组的原则

QC是开展QC小组活动的基本单位，组建QC小组的工作做得如何，将直接影响QC小组的效果，为了做好组建QC小组工作，一般应遵循"自愿参加，上下结合"与"实事求是，灵活多样"这一基本原则。自愿参加是指在组建QC小组时，小组成员对QC小组活动的宗旨有比较深刻的理解和共识，产生了自觉参与质量管理，自愿结合在一起，自主开展活动的要求。强调自愿参加，并不意味着QC小组只能自发地产生，更不是说企业的管理者就可以放弃指导与领导的职责。这里讲的"上下结合"，就是把来自上面的管理者的组织、引导与启发职工群众的自觉自愿相结合，组建本企业的QC小组。没有广大职工群众自觉自愿地参加QC小组活动，QC小组活动就会停滞不前。QC小组就没有生命力。

2. 实事求是，灵活多样

组建QC小组，是为了给广大职工群众参与企业管理与不断改进提供一种组织形式。职工群众自愿结合成各种类型的QC小组，围绕企业的经营战略、方针目标和身边存在的各种问题，形式多样地、自主地开展活动，从而有效地推动企业目标的实现和自身素质的提高。组建QC小组时一定要从企业实际出发，以解决企业实际问题为出发点，实事求是地筹划QC小组的组建工作，由于各个企业的特点不同，乃至于一个企业内部各个部门的特点也不同，在组建QC小组时，形式可以灵活多样。从解决实际问题需要出发，组成适宜类型的QC小组，以方便活动，易出成果。

六、QC小组的组建程序

1. 自下而上的组建程序

由同一班组的几个人，根据想要选择的课题内容，推举一位组长，共同商定是否组成一个QC小组，给小组长取个什么名字，先要选择什么课题，确认组长人选。这种组建程序，通常适用于那些由同一班组内的部分成员组成的现场型、服务型，包括一些管理型的QC小组。他们选择的课题一般是自己身边的、力所能及的较小的问题。这样组建的QC小组，成员的活动积极性、主动性很高，企业主管部门应给予支持和指导，对小组骨干成员的必要培训，以使QC小组活动持续有效地发展。

2. 自上而下的组建程序

这是中国企业当前较普遍采用的，首先由企业主管 QC 小组活动的部门，根据企业实际情况，提出全企业开展 QC 小组活动的设想方案，然后与车间（施工处）的领导协商，达成共识后，由车间（施工处）与 QC 小组活动的主管部门共同确定本单位应建成几个 QC 小组，并提出组长人选，进而与组长一起物色每个 QC 小组所需的组员，所选的课题内容。这种组建形式较普遍地被“三结合”技术攻关型 QC 小组所采用，这类 QC 小组所选择的课题往往都是企业或车间（施工处）急需解决的、有较大难度、牵涉面较广的技术、设备、工艺问题，需要企业和车间（施工处）为 QC 小组活动提供一定的技术、资金条件。这样组建的 QC 小组，容易紧密结合企业的方针目标，抓住关键课题，对企业和 QC 小组成员带来直接经济效益。

3. 上下结合的组建程序

这是介于上面两种之间的一种，它通常是由上级推荐课题范围，经下级讨论认可，上下协商来组建。这主要是涉及组长和组员人选的确定，课题内容的初步选择等问题，其他程序与前两种相同。这样组建小组，可取前两种所长，避其所短，应积极倡导。

经上述三种形式组建的 QC 小组，经由确认的 QC 小组长向所在车间（或部门、施工处）申请注册登记，经主管部门审查认为具备建组条件后，即可发给小组注册登记表和课题注册登记表，组长按要求填好注册登记表，并交主管部门编录注册登记号，该 QC 小组组建工作便告完成。

七、QC 小组活动程序

QC 小组的活动程序是根据全面质量管理中 PDCA 原理进行的。P 表示计划，D 表示执行，C 表示检查，A 表示处理。PDCA 循环有两个特点：一是循环前进，阶梯上升；二是大环套小环，即在 PDCA 四个阶段中，每个阶段都可有它本身的小 PDCA 循环。P 阶段通常包含着六个步骤，即：选择课题；现状调查；设定目标；分析原因；确定主要原因；制订对策。D 阶段包含一个步骤，即按照制订的对策实施。C 阶段包含一个步骤，即检查所取得的效果。A 阶段包含两个步骤，即制订巩固措施，防止问题再发生；总结及今后打算。

1. 选择课题

QC 小组组建后，就要开展活动。首先是选择课题，也就是“大家一起来改善什么？”。课题的来源一般有三个方面：一是指令性课题，是同上级主管部门根据企业（或部门）的实际需要，以行政命令形式向 QC 小组下达课题；二是指导性课题，通常由企业的质量管理部门根据企业实际经营战略、方针、目标的需要，公布一批可供 QC 小组选择的课题，各小组根据自身条件选择力所能及的课题；三是由 QC 小组自行选择课题。QC 小组在选择课题时，可以针对上级方针、目标在本部门落实关键点选题；也可以从现场或小组本身在质量、效益、环境、管理等方面存在的问题中选题。选择课题一般宜小不宜大，以便在较短的时间内取得成果，更好地鼓舞小组成员坚持继续活动的积极性。

2. 现状调查

课题确定之后，就要掌握问题严重到什么程度，通过现状调查，收集数据，整理和分析数据，把问题的症结找出来。现状调查应注意三个问题：一是要用数据来说话，以准确地掌握实际情况，收集数据的数据要客观、可比，且能反应小组开始活动时的状况；二是对取得的数据要分层整理、分析，以便找出问题的症结所在。通常可把数据按时间、地点、设备、人员、缺陷项目等标志分层。收集数据可以利用已有的记录，更需亲自到现场去观察、测量、跟踪，直接掌握第一手材料。现状调查的作用是为目标值的确定提供充足的依据。

3. 设定目标

设定目标是确定小组活动要把问题解决到什么程度，是 QC 小组预计要取得的成果。这一步要注意三个问题：一是目标应明确表示，即用数据表达的目标值；二是要与课题名称相一致；三是设定的目标值应即有挑战性，又是经过努力可以实现的，应尽量用数据和事实说明设定这个目标值的理由。目标值通常只设定一个，最多不超过两个，对于指令性的目标，就不需要先进行现状调查，而是在选择课题后即设定目标值，然后对目标值进行可行性分析，即说明现实情况与指令性目标之间的差距如何，差距的症结所在，以便针对它进一步分析原因。

4. 分析原因

在分析原因时要注意四个问题：一是要针对现状调查或可行性分析时找出的问题症结来分析其产生的原因；二是要广开言路，集思广益，从“4M1E”即人、机器、材料、方法、环境或“5M1E”，即增加测量等几个角度展开分析，以免遗漏各方面可能的原因；三是分析原因要彻底，通过不断深入提问“为什么”展开分析下去，一直分析到可针对这一具体原因直接采取对策为止；四是要根据分析问题及其原因的实际情况，正确、恰当地运用分析方法。原因分析常用的方法有因果图、系统图、关联图。

5. 确定主要原因

这一步应把用因果图（或系统图、关联图）分析出末端原因收集起来，排除哪些 QC 小组无法采取对策的不可抗拒的原因，然后对所余末端原因逐条到现场去加以确认，按照对问题影响程度的大小，找出影响问题的主要原因。到现场去确认主要原因，可以是到现场通过测量、测试，取得数据，与标准进行比较，看其符合程度来证明；也可以是到现场通过试验，取得数据来证明；对于一些无法用试验和测量方法取得数据的原因，则可以设计调查表，到现场进行调查、分析，取得数据。总之不能凭经验直觉来确认。

6. 制定对策

主要原因确定之后，就可以分别针对每条主要原因提出对策，在提出对策时，应让小组全体成员开动脑筋，敞开思想，独立思考，相互启发，从各个角度提出改进的想法，可先不比考虑提出的对策是否可行，以免漏掉真正有效的对策。在小组成员充分提出对策的基础上，再分析研究每项对策的有效性、可实施性、技术可靠性、经济合理性、难易度等方面，经比较选择拟采用的对策。针对每条主要原因确定采用的对策之后，就可以制定对策表。对策表要按“5W1H”原则确定。“5W1H”即 What（对策）、Why（目标）、Who（负责人）、Where（地点）、When（时间）、How（措施）（见表 3–4）。

表 3–4　　对 策 表

序号	要因	对策	目标	措施	地点	时间	负责人

7. 实施对策

对策制定完毕，小组成员就要严格按照对策表实施。在实施过程中如遇到困难无法进行下去时，应及时由小组成员讨论，在确实无法克服的情况下，可以修改对策，按新对策实施。每条对策实施完毕，应收集数据，与对策表中所定的目标比较，检查对策是否达到了要求。在实施过程中应做好流动记录，为最后整理成果报告提供依据。

8. 检查效果

对策表中所有对策全部实施并达到其目标后，就要按实际的情况进行试生产（工作），并从生产（工作）中收集数据，与小组制定的目标值进行比较，看是否

达到了预定的目标。如果达到了预定目标，就可以进入下一步，如果未达到目标，可能是原因分析不当，主要原因未找准，也可能是对策不妥，因此要回到第四步，重新分析原因开始。解决了问题，取得了成果，可以计算它给企业带来的经济效益。一般计算时间为完成对策后的巩固期（即按新情况试运期间），计算出的经济效益应减去本课题活动的投入（耗费），且要由财务部门认可。

9. 制定巩固措施

QC 小组活动取得效果后，就要把效果维持下去，并防止问题再发生。为此要制定巩固措施，这就是把对策表中通过实践证明了有效的措施（如工作方法、作业标准、有关参数、图纸、资料、规章制度等）纳入有关标准，报有关主管部门批准，至少要纳入班组管理办法。在实现目标后的巩固期内要做好记录，进行统计，用数据说明成果的巩固情况。巩固期的长短应根据实际需要确定，只要有足够的时间说明在实际运行中效果是稳定的就可以。

10. 总结及今后打算

通过本课题的活动，要总结小组在活动程序方面、方法应用方面和用数据方面的经验和不足，还要总结此次活动无形成果（如知识、能力、精神等方面的收获），并提出遗留问题和下一步打算。

八、QC小组活动成果编写内容及要求

1. 课题介绍

主要描述工程概况，描述的内容应与选定的题目相一致，题目设定范围要小而明确，力求体现“小、实、活、新”（范围小、实事求是、灵活多样、选题新颖）的特点。

2. 小组概况

小组概况应以表格形式表述，人数控制在 10 人以下为好，主要包括小组名称、类型、注册日期、注册编号、课题名称、活动时间、活动频率、受教育课时以及小组人数、成员简介等多项内容，

3. 选题理由

主要针对企业方针、项目急需解决的问题及其重要性等体现出所选课题的目的和必要性。

4. 现状调查

此部分为关键部分，其信息来源证据必须充分，调查表及排列图应抓住问题，绘图应规范，对频数 N=？必须指出，累计频率、坐标表示要规范正确，符合逻辑，

所有图表均应有制图（表）人及制图（表）时间。起止时间至少有一端要为 QC 小组活动时间所覆盖，否则调查时间离小组活动的时间太远，提供的现状不准确、不可靠。

常用工具有：折线图、排列图、饼分图、直方图等。

5. 目标及目标可行性分析

目标值应明确集中，目标设定不要过多，特别是不属于同一种类型的目标以 1～2 个为佳。目标设定要有量化的目标值和有一定的依据，做到切实可行，其目标值应与课题一致，课题所要解决的问题应在目标值中得到体现，应在现状调查后设定目标。

6. 要因分析

QC 小组进行现状调查后，初步找到主要质量问题所在后，可从人、机、料、法、环、测六个方面进行分析，从中找出造成质量问题的原因。分析原因应注意以下几点：

（1）要针对存在的问题寻找原因。一般来讲，在现状调查时已经找到问题的症结，应针对问题的症结来分析原因，而不应把找到的问题弃之不理，又针对课题的总问题分析原因，这样就会犯逻辑错误，也不能解决问题。

（2）分析原因要展示问题的全貌。因果关系要明确、清楚；把有影响的原因都找出来，避免遗漏。

（3）分析原因要彻底，一层一层地展开分析下去，直到展开至可直接采取对策的具体因素为止。

（4）工具的选用要恰当，一般一个因果图（鱼刺图）只能用一个；两个以上问题采用关联图，相互影响。末端因素要有标识，制图时应注意箭头的指向，避免倒置。常用工具有因果图、系统图、关联图等。

7. 要因确认

应对所有末端因素逐条进行要因确认，以免遗漏主要原因。要因确认时，应根据它所分析问题的影响程度的大小来确定，而不是根据它是否容易解决来确定。要因确认通常以表格形式表示，包括序号、末端因素、要因确认、判断结果等几项内容。

8. 制定对策

主要方法可参考评审表要求。制定对策要按照 5W1H 原则制定［5W1H 包括：Why（为什么）、What（做什么）、Where（在哪里）、Who（谁）、When（何时）、

How（怎样）]。对策应与项目要因相对应，针对原因制订对策，对策应能实施和检查并由不同组员提出和承担，做到全员参与，共同完成目标值。

9. 对策实施

该部分为小组活动的实质性步骤，这一环节是整个活动的核心。实施对策时应注意：严格按照对策计划行事，必须与对策表中对策、措施相一致，做到与目标比较（实施一段，有效果比较，即小的 PDCA 循环，必要时应修改对策，发现新问题或计划对策无法实施时应及时修改对策后再实施）；实施过程要体现过程控制，并做到图文并茂，不能通篇全是文字，在实施过程中，应对活动进展情况进行检查，以便发现问题再进行协调。

10. 效果检查

检查的目的是确认实施的效果。通过活动前后的对比，分析活动的效果。如果未达到预期目标，应进行新一轮的 PDCA 循环。效果检查时应注意：实事求是，以事实和数据为依据；对经济性目标的检查和认识，要有财务部门的证明；对技术性目标，应有技术人员及领导参加；检查项目应与目标值相一致，针对活动的目标进行检查；对无形效果的检查也要分析、对比。可采用柱状图、雷达图。

11. 巩固措施

巩固措施是把活动中有效的实施措施纳入有关技术标准和管理文件中，并进一步跟踪验证、完善，防止质量问题的再次出现。应注意：必须是被活动实践证明是行之有效的措施，才能纳入有关文件或技术标准中，未经证明的方法不能随便列入巩固措施中；所形成的工艺标准等必须经过领导批准并形成文件；巩固措施要具体可行，不能抽象空洞。

12. 活动总结及下一步打算

QC 小组活动一个周期后，要认真进行总结。总结可从活动程序、活动成果和遗留问题等方面进行。在活动程序方面，应检查在以事实为依据，用数据说话方面，在方法应用方面，哪些地方是成功的，哪些地方尚有不足，需要改进等；在活动成果方面，除有形成果外，要注意无形成果，如质量意识、问题意识、改进意识、参与意识的提高，个人能力的提高，解决问题的信心，团队精神的增强等方面，都是 QC 小组活动非常宝贵的收获。

九、制作与发布

（1）发表资料要系统分明，前后连贯，逻辑性好。

（2）发表资料应通俗易懂，文、图、表、数据综合运用，避免通篇文字，照本宣读。

（3）色彩明快，字体适宜，动画为内容服务，不可动画过度或与内容无关。

（4）发表人从容大方，吐字清晰熟练，回答问题简练，不强辩，15min 之内发布完毕。

第四章　施工技术管理

第一节　施工技术管理的基础工作

施工技术管理的基础工作包括制定与贯彻技术标准和技术规程、建立与健全技术责任制、建立与健全技术原始记录、施工日志、技术档案管理、技术情报的管理。

1. 制定与贯彻技术标准和技术规程

建筑安装工程技术标准，是对建筑安装工程质量、规格及其检验方法等所做的技术规定，是企业技术管理的依据。

我国现行的与电力工程有关的建筑安装技术标准有：《电力建设施工技术规范》《电力建设施工质量验收及评价规程》《建筑安装工程施工及验收规范》《建筑工程施工质量验收统一标准》等。施工技术规范主要是规定单位、分部、分项工程的技术要求、质量标准及其检验方法。施工质量验收及评价规程是根据施工技术规范的要求制定具体的检验方法，评价分部、分项、单位工程质量等级的依据。

技术标准分为国家标准、行业标准、地方标准、社团标准、企业标准。对需要在全国范围内统一的技术和管理要求，应当制定国家标准。国家标准分为强制性标准和推荐性标准。为保障人身健康和生命财产安全、国家安全、生态环境安全以及满足社会经济管理基本要求，需要统一的技术和管理要求，应当制定强制性国家标准。对没有国家标准、需要在全国某个行业内统一的技术和管理要求，可以制定行业标准。行业标准为推荐性标准。对没有国家标准和行业标准、需要在特定行政区域内统一的技术和管理要求，可以制定地方标准。地方标准为推荐性标准。在公布国家标准或者行业标准之后，该项地方标准自行废止。依法成立的社会团体可以制定团体标准，供社会自愿采用。团体标准管理办法由国务院标准化行政主管部门制定。企业标准应严于国家标准或者行业标准、地方标准。企业和企业间联盟可根据需要自行制定企业标准。企业生产的产品没有国家标准、行业标准、地方标准和团体标准的，应当制定企业标准作为组织生产的依据。

建筑安装工程技术标准是建筑业长期生产实践经验的总结，也是建筑安装工程施工的标准，在技术管理上具有法律效力。

技术标准反映了一个国家或一个企业在一定时期内的生产技术水平。技术标准随着国家技术经济条件的不断发展，必须及时进行修订。通常要求每隔 3～5 年检查一次，分别予以确认、修订或废止。

技术规程是对建筑安装产品的生产施工过程、操作方法、设备的使用与修理、施工安全技术等方面所作的具体技术规定。

技术规程因地区操作方法和操作习惯不同，在保证达到技术标准的前提下，一般由地区或企业自行制定执行。

技术规程制定时，必须严格按照技术标准的要求，总结广大工程技术人员和技术工人生产实践经验，在合理利用企业现有生产技术条件的同时，尽可能地采用国内外比较成熟的先进经验，以促进企业生产技术的发展。

除了技术标准和技术规程外，国家还制定了一系列的法规和技术政策，企业必须贯彻执行。贯彻国家的技术政策，要注意因时因地制宜，从企业的实际情况出发，制定规划逐步实现。

2. 建立与健全技术责任制

技术责任制是指将企业的全部技术管理工作分别落实到具体岗位和具体的职能部门，使其职责明确，并制度化。

企业内部的技术管理，实行企业和项目部两级管理。企业一般设工程管理部负责技术管理工作，在总工程师领导下进行技术、科研、试验、计量管理工作。项目部一般设工程管理部（科），在项目总工程师领导下进行施工技术工作，总工程师、项目部总工程师是技术行政职务，系同级行政领导成员，分别在总经理、项目经理的领导下，全面负责技术工作，对本单位的技术问题，如施工方案、各项技术措施、质量事故处理、科技开发等重大问题有决定权。

3. 建立健全施工技术原始记录

施工技术原始记录是整个企业管理基础工作的重要组成部分。它包括：材料、构配件及建筑安装工程质量验收记录；质量安全事故分析和处理记录；设计变更记录和施工日志等。

施工技术原始记录是评价产品质量、技术活动质量及产品交付使用后制定修理、加固或改造方案的重要依据，电力施工企业必须建立和加强各项施工技术原始记录工作并使之形成制度。

4. 施工日志

施工日志是与建筑安装工程整个施工阶段有关施工技术方面的原始记录。施工日志应逐日记录，并保持其完整，在工程竣工验收时，作为质量评价的一项重要依据。

在工程竣工若干年后，其可靠性、安全性等发生问题时，影响其功能使用，须进行修理、加固时，施工日志也是制定方案的依据之一。

施工日志的内容一般有：

（1）工程开竣工日期以及主要部分工程的施工起止日期，技术资料供应情况。

（2）因设计与实际情况不符，由设计单位现场解决的设计问题和对施工图修改的记录。

（3）重要工程的特殊质量要求和施工方法。

（4）在紧急情况下采取的特殊措施和施工方法。

（5）质量、安全、机械事故的情况，发生原因与处理方法的记录。

（6）有关领导或部门对工程所作的生产、技术方面的决定和建议。

（7）气候、气温、地质及其他特殊情况（如停电、停水、停工待料等）的记录等。

5. 技术档案管理

电力施工企业技术档案是指有计划地系统地积累具有一定价值的施工技术经济资料。它来源于企业的生产和科研活动，反过来又为生产和科研服务。

施工企业的技术档案的内容可分为两大类：

一类是为工程交工验收而准备的技术资料，作为评价工程质量和使用、维护、改造、扩建的技术依据之一。

另一类是企业自身要求保留的技术资料，如施工组织设计、工程总结、“五新”（新技术、新工艺、新材料、新流程、新装备）的实验资料、重大质量安全事故的分析与处理措施、有关技术管理工作经验总结等，作为继续进行生产、科研以及对外进行技术交流的重要依据。

6. 技术情报的管理

施工企业的技术情报是指国内外建筑安装生产，技术发展动态的资料和信息。它包括有关的科技图书、科技刊物、科技报告、专门文献、学术论文和实物样本等。

技术情报是企业改进技术、发展技术的“耳目”，它可以为企业及时获得先进的技术，并直接用于实践。这样可以赢得时间，不必自己从头做起。同时，通过情报工作，总结和交流本企业的先进生产技术成果，促进企业内部各单位及各兄弟企业得到共同提高。

技术情报的管理，就是有计划、有目的、有组织地对施工生产技术情报的收集、加工、存储、检索管理。

技术情报应做到：走在科研和生产的前面，有目的地进行情报跟踪，及时交流和普及技术情报，技术情报应及时可靠，建立和完善技术情报工作机构等。

第二节　施工技术管理制度

技术管理制度是对各项技术管理工作的统一要求，使技术管理工作有所遵循，把企业的技术工作纳入科学管理的轨道，是施工技术管理的基础工作。

国家电网公司发布了《电力建设工程施工技术管理导则》（国家电网工〔2003〕153 号文），因施工组织设计和工程质量管理及技术档案管理将在专门的章节讲述，本节删除《电力建设工程施工技术管理导则》中的相关内容，主要有以下几个方面：

一、施工技术责任

1. 组织机构和各级技术负责人

（1）公司施工技术管理机构随公司组织形式不同而不同。火电建设公司一般建立四级技术责任制，设置四级技术负责人，实行技术管理工作统一领导分级管理：公司设总工程师；项目部（分公司、工程处）设总工程师；工地（队）设专责工程师（主任工程师）；工地设若干名专职工程师（专职技术员），在工地专责工程师领导下分别负责各班组或单位工程项目的技术管理工作。

（2）送变电建设公司一般建立三级技术责任制，设置三级技术负责人，实行技术工作统一领导分级管理：公司设总工程师；分公司（项目部）设总工程师；施工队（班组）设专职工程师（专职技术员）。

（3）总工程师、专责工程师为技术行政职务，系同级行政领导成员，受同级行政正职领导。对技术管理工作全面负责，拥有决策权和否决权。在技术工作上，下级技术负责人受上级技术负责人领导。

（4）公司和项目部副总工程师在同级总工程师领导下分管一部分总工程师的工作，在分管工作范围内行使总工程师职权。

（5）公司及其大中型项目部设技术管理部门，在技术上接受总工程师的领导。

各级技术管理部门是各级技术负责人的参谋和助手，也是具体办事机构。技术管理部门应配备专业技术人员和相关管理人员若干。

（6）各级行政领导应支持和尊重技术负责人对有关技术问题的决定。

（7）各级技术负责人应参加讨论决定本单位技术人员的调动、使用、考核、晋级、奖惩、职称评定和人员配备等事项。参加对技术人员引进问题的讨论，组织对应考人员的技术考核。

（8）各级技术人员应经常深入现场了解工程情况，检查和指导工作；努力学习专业技术理论和企业管理知识，不断创新，勇于探索和实践，做好技术管理工作。

2. 各级技术负责人的技术职责

（1）公司总工程师的主要职责：

1）参加建立健全技术管理体系；主持制定本公司技术管理制度，并付诸实施；督促有关部门对实施情况进行跟踪管理，以利逐步改进和充实管理制度，提高技术管理水平。对技术管理工作全面负责，拥有决策权和否决权。

2）推动技术进步，组织编制和审批本公司施工技术发展规划和年度技术管理工作计划；积极推行现代管理技术；促进施工和技术管理的网络化、信息化管理水平的提高；审批采用“五新”的计划，并推动实施，增强市场竞争力。

3）组织编制技术信息搜集和交流活动计划，并督促有关部门组织实施；组织贯彻《技术信息管理》的规定；组织对外技术交流、技术合作、技术转让活动。

4）对施工质量在技术上全面负责。参加制定公司质量方针、目标、提高质量措施和质量活动计划。

推广科学管理方法，经常分析影响施工质量等各种因素，采取措施，解决薄弱环节，做到预防为主。

参加或主持工程质量大检查和重大质量事故的调查分析。

组织执行国家和行业质量标准的同时，贯彻执行国家电网公司质量标准，结合公司的技术能力，组织制定具体实施办法。

5）在安全技术和环境保护技术方面的职责是：对本企业的安全技术和环境保护技术工作负领导责任；组织编制并审核企业年度安全技术措施计划；组织安全工作规程、规定的学习、考试及取证工作。组织安全技术教育和特种作业人员的培训、取证工作；组织编制并审查施工组织设计中的安全文明施工措施和环境保护措施。负责确定本企业安全施工措施的编制模式和编制标准。组织编制各工程施工项目安全施工措施分类（重大、重要、一般）编制、审查、审批程序。负责审批程序中规定的重大施工项目的安全施工措施，并对其针对性、适用性及有效性负责；审批技术革新及施工新技术、新工艺中的安全施工措施；组织施工安全设施的研制及安全设施标准化的推行工作；参加企业安全大检查。组织对频发性事故原因的分析，解决施工中存在的重大安全技术问题；参加人身死亡事故和重大施工机械设备、火灾事故的调查处理工作，负责事故的技术鉴定及技术性防范措施的审定。

6）组织制定技术装备计划，审批大型机械的拆装技术措施和大修计划；审定施工机械及重要仪器设备的购置、改装、转让和报废计划；督促职能部门对有关单位技术装备的技术管理工作进行监管，并定期组织检查和考核，确保施工机具安全使用；参加对重大机械事故的调查分析，并采取对策，防止事故重演。

7）参加审定公司技术培训计划；组织技术人员和施工人员的技术、技能和业务培训。

8）负责公司调试工作；负责技术检验和计量管理工作。

9）按照国家和地方政府档案管理部门及国家电网公司的各项技术档案管理办法并参照《施工技术档案管理》的规定建立各种施工技术档案制度并贯彻执行。

10）参加招投标工作，组织编写标书和标函中有关施工技术部分的内容。

11）组织编制并审批施工组织设计纲要；审批施工组织总设计和公司调试单位编写的调试大纲。

12）督促项目部及时组织对施工图纸的会检。

13）参加或组织制定项目工程年度综合进度和里程碑进度计划；参加审查技术供应计划；参加公司的施工调度会议，对有关技术问题做出决定。

14）审定重要施工和调试技术方案，组织解决重大施工技术争议和调试、安装技术接口问题；主持公司级技术管理方面的会议。

15）参加制订公司经营策略和经济活动分析。

16）组织项目工程做好施工技术总结和施工技术资料的汇编工作。

17）认真贯彻电力基本建设工程的启动及竣工验收规程的规定。协调解决机组或送、变电工程试运准备和试运中出现的问题。

（2）项目部总工程师有以下职责：

1）参加组建技术管理系统。根据公司颁发的技术管理制度和本工程的具体情况，组织编制实施细则和相关的管理制度，并督促贯彻执行。

对本项目技术管理工作全面负责，拥有决策权和否决权。

2）根据初步设计、施工图设计、设备资料、施工合同、《电力建设工程施工技术管理导则》和施工组织设计纲要组织编制施工组织总设计或施工组织设计。审批施工组织专业设计，并组织贯彻执行。

3）组织编制施工技术准备计划；督促施工机械、试验设备、仪器、仪表及重要工器具的管理和维修工作；审核施工机械的租赁计划。

4）组织实施管理信息化、网络化工作，不断地提高施工管理水平。组织制定采用“五新”的实施计划并组织实施，努力技术创新，推动技术进步。

5）组织对施工图纸的会检。主持对工程主系统及总布置、土建安装的主要衔接关系、机电炉热等各专业间相互关系的会检。参加重大设计变更的审议。

6）审批重要的施工技术措施；主持解决项目工程施工中重要的技术问题；审定重要的技术结论；签署技术文件。

7）组织编制施工综合进度网络图，并跟踪分析、适时修改，加强其指导施工的功能。

参加或组织制订项目工程年、月度施工计划和技术供应计划；参加日常的施工组织、调度工作，及时解决存在的技术问题。

8）组织施工预算编制工作；参加经济活动分析。

9）参加对分包施工队伍的资质及其质量管理、技术管理体系的考核；参加对分包合同的审查；督促职能部门对分包工程技术活动进行监控。

10）组织施工前的技术交底工作，参加或组织重要项目交底工作。

11）组织履行施工合同中技术和质量的约定；参加组织实现公司质量目标；参加建立和完善项目工程的质量管理体系；审定质量工作规划和质量验收评定项目范围划分；主持质量大检查和重大质量事故的调查分析；分析施工全过程中影响质量的各种因素，采取措施解决薄弱环节，做到预防为主，超前决策。

督促质量管理部门和工地认真做好质量验收工作；关键工序亲自参加检查验收。

12）督促工地或相关部门会同试验单位做好设备、原材料、半成品及成品、施工机械和工器具的技术检验工作。督促计量管理部门和计量人员做好计量管理工作，确保各类在用仪器、仪表、计量器具完好，并在检定期内。

13）审定技术总结题目，组织技术人员在施工工程中积累技术资料，及时做好技术总结，组织技术交流活动。

14）对项目工程的安全技术和环境保护技术工作负领导责任。

15）督促工地和质量技术管理部门做好施工技术记录、检查验收签证、技术检验报告、调整试验报告等施工资料的积累、整理和保管。

16）组织编制和审定分部试运计划和方案；组织分部试运工作，为系统启动试运奠定良好基础。

17）审批项目部技术培训计划。

（3）工地专责工程师职责：

1）贯彻执行公司和项目部的施工技术管理制度，实现项目工程的技术管理和施工质量目标。对本工地技术管理工作全面负责，拥有决策权和否决权。

2）参加编制施工组织总设计或施工组织设计；组织编制本专业施工组织专业设计；审查施工技术方案和作业指导书；组织执行施工组织设计。

3）组织编制本工地施工技术准备工作计划。

4）努力技术创新，组织提出本工地采用“五新”的实施计划并负责实施；负责本工地信息化、网络化管理工作，不断地提高施工技术管理水平。

5）组织对本专业施工图纸的会检；主持对本专业与相关专业施工设计间的衔接关系、本专业内部各部分施工设计之间相互关系的会检。

6）组织编制和检查本工地施工进度网络计划；组织编制月度施工计划和技术供应计划；督促实行工程定期报告制度。参加工地的施工组织和调度工作，及时解决出现的施工技术问题。

7）组织核查工程量和编审工料预算。

8）认真执行技术交底制度；负责工地级的技术交底；督促和检查班组的技术交底工作。

9）检查班组对施工机械、仪器、仪表及重要工器具使用和维护工作的状况；检查班组技术管理制度的执行情况。

10）对本工地施工质量在技术上全面负责。组织学习和执行质量管理体系文件；负责工地级质量检查验收和质量大检查，实施全过程质量控制；组织质量事故调查分析；组织制定防止质量事故的技术措施；拟定质量事故报告。

督促专职工程师（技术员）及时提出技术检验计划和配合检验工作。

11）对工地施工安全技术和环境保护技术工作负责。

12）督促专职技术人员做好施工技术记录和技术签证；做好技术资料（包括竣工资料）的搜集、整理工作。组织编写专业施工技术总结。

13）组织编制单机试运方案和措施；组织和配合调试单位编制分系统试运方案和措施；组织工地施工项目的分部试运；参加整套启动试运和竣工移交。

14）参加招投标工作，参加编写标书或标函中的有关技术部分的内容。

15）编制技术人员和施工人员的技术、技能业务培训计划，参加其考核工作。

（4）专职工程师（专职技术员）职责：

1）认真执行公司和项目部的施工技术管理制度，实现本项目工程的技术管理和施工质量目标。

2）参加施工组织总设计或施工组织设计编制工作；参加编制施工组织专业设计或施工组织措施计划。并按批准的施工组织设计开展工作。

3）组织施工人员学习施工图纸和技术资料；组织施工图纸会检；联系解决会检中提出的问题。

4）参与编制施工进度计划和施工任务单；负责编制作业指导书或技术措施；负责班组技术交底，并组织实施。

5）应经常深入现场指导施工，及时发现和解决施工中的技术问题，纠正或制止施工违规现象，重大问题及时汇报。参加工地施工协调会，提出解决施工技术问题的意见。按时提出施工情况报告。

6）具体实施工地制定的新技术、新工艺、新材料、新装备、新流程计划。应用计算机信息网络，不断提高施工技术管理水平。

7）负责核查工程量和编制工料预算，并适时进行工料情况分析。

8）督促和配合班组定期对施工机械、仪器、仪表及重要工器具的检查和维护。

9）对施工质量在技术上负责，严格按质量标准施工。负责质量检查验收工作，填写质量检查验收单；提出质量趋势报告。参加质量事故分析，提出防止事故对策；协助填写事故报告。

10）对班组施工安全技术和环境保护技术工作负责。

11）提出班组施工项目的设备、原材料、半成品和成品的技术检验计划，并配合现场的检验工作。对检验报告搜集、保管，对所查出的问题及时汇报处理。参加设备开箱检查。

12）按照施工进度要求，提出设备、原材料、加工件、机具的需用计划，并提出相应的技术要求。使用前，应按施工图及有关技术资料详细核对，发现问题及时汇报处理。

13）参加技术培训工作，编写技术培训资料。

14）督促、指导班组做好施工技术记录，收集整理施工技术资料和施工移交资料。编写工程技术总结。

15）编制单机试运方案和措施；参加分部试运和机组整套启动试运，认真做好试运技术记录，并及时组织消除缺陷。

16）参加招投标技术文件的编写。

二、施工图纸会检管理

（1）施工图纸是施工和验收的主要依据之一。为使施工人员充分领会设计意图、熟悉设计内容、正确施工，确保施工质量，必须在开工前进行图纸会检。对于施工图中的差错和不合理部分，应尽快解决，保证工程顺利进行。

（2）会检应由公司各级技术负责人组织，一般按自班组到项目部，由专业到综合的顺序逐步进行。也可视工程规模和承包方式调整会检步骤。会检分三个步骤：

1）由班组专职工程师（专职技术员）主持专业会检。班（组）施工人员参加，并可邀请设计代表参加，对本班（组）施工项目或单位工程的施工图纸进行熟悉，并进行检查和记录。会检中提出的问题由主持人负责整理后报工地专责工程师。

2）由工地专责工程师主持系统会检。工地全体技术人员及班组长参加，并可邀请设计、建设、监理等单位相关人员和项目部技术、质量管理部门参加。对本工地施工范围内的主要系统施工图纸和相关专业间结合部的有关问题进行会检。

3）由项目部总工程师主持综合会检。项目部的各级技术负责人和技术管理部门人员参加。邀请建设、设计、监理、运行等单位相关人员参加。对本项目工程的主要系统施工图纸、施工各专业间结合部的有关问题进行会检。

一个工程分别由多个施工单位承包施工，则由建设（监理）单位负责组织对各承包范围之间结合部的相关问题进行会检。

（3）图纸会检的重点是：

1）施工图纸与设备、原材料的技术要求是否一致。

2）施工的主要技术方案与设计是否相适应。

3）图纸表达深度能否满足施工需要。

4）构件划分和加工要求是否符合施工能力。

5）扩建工程的新老厂及新老系统之间的衔接是否吻合，施工过渡是否可能。除按图面检查外，还应按现场实际情况校核。

6）各专业之间设计是否协调。如设备外形尺寸与基础设计尺寸、土建和机务对建（构）筑物预留孔洞及埋件的设计是否吻合，设备与系统连接部位、管线之间、电气、热控和机务之间相关设计等是否吻合。

7）设计采用的新技术、新工艺、新材料、新装备、新流程在施工技术、机具和物资供应上有无困难。

8）施工图之间和总分图之间、总分尺寸之间有无矛盾。

9）能否满足生产运行对安全、经济的要求和检修作业的合理需要。

10）设备布置及构件尺寸能否满足其运输及吊装要求。

11）设计能否满足设备和系统的启动调试要求。

12）材料表中给出的数量和材质以及尺寸与图面表示是否相符。

（4）图纸会检前，主持单位应事先通知参加人员熟悉图纸，准备意见，并进行必要的核对工作。

（5）图纸会检应由主持单位做好详细记录，并整理汇总，及时将会议纪要发送相关单位。发生设计变更时按本节《设计变更管理》中相关规定办理。

（6）委托外单位加工用的图纸由委托单位负责审核。出现设计问题，由委托单位提交原设计单位解决。

（7）图纸会检应在单位工程开工前完成。当施工图由于客观原因不能满足工程进度时，可分阶段组织会检。

三、施工技术交底管理

1. 技术交底的目的和要求

（1）施工技术交底的目的是使管理人员了解项目工程的概况、技术方针、质量目标、计划安排和采取的各种重大措施；使施工人员了解其施工项目的工程概况、内容和特点、施工目的，明确施工过程、施工方法、质量标准、安全措施、环保措施、节约措施和工期要求等，做到心中有数。

（2）施工技术交底是施工工序中的首要环节，应认真执行。未经技术交底不得施工。

（3）技术交底必须有的放矢，内容应充实，具有针对性和指导性。要根据施工项目的特点、环境条件、季节变化等情况确定具体办法和方式。交底应注重实效。

（4）工期较长的施工项目除开工前交底外，至少每月再交底一次，重大危险项目（如吊车拆卸、高塔组立、带电跨越等），在施工期内，宜逐日交底。

（5）技术交底必须有交底记录。交底人和被交底人要履行全员签字手续。

2. 施工交底责任

（1）技术交底工作由各级生产负责人组织，各级技术负责人交底。重大和关键施工项目必要时可请上级技术负责人参加，或由上一级技术负责人交底。各级技术负责人和技术管理部门应督促检查技术交底工作进行情况。

（2）施工人员应按交底要求施工，不得擅自变更施工方法和质量标准。施工技术人员、技术和质量管理部门发现施工人员不按交底要求施工可能造成不良后果时应立即劝止，劝止无效则有权停止其施工，必要时报上级处理。必须更改时，应先经交底人同意并签字后方可实施。

（3）施工中发生质量、设备或人身安全事故时，事故原因如属于交底错误由交底人负责；属于违反交底要求者由施工负责人和施工人员负责；属于是违反施工人员“应知应会”要求者由施工人员本人负责；属于无证上岗或越岗参与施工者除本人应负责任外，班组长和班组专职工程师（专职技术员）亦应负责。

3. 施工交底内容

（1）工程总体交底——公司级技术交底。在施工合同签订后，公司总工程师宜组织有关技术管理部门依据施工组织设计大纲、工程设计文件、设备说明书、施工合同和本公司的经营目标及有关决策等资料拟定技术交底提纲，对项目部各级领导和技术负责人员及相关质量、技术管理部门人员进行交底。其内容主要是公司的战略决策、对本项目工程的总体设想和要求、技术管理的总体规划和对本项目工程的特殊要求，一般包括：

1）企业的经营方针，本项目工程的质量目标、主要技术经济指标和具体实施以及有关决策。

2）本工程设计规模和各施工承包范围划分及相关的安排和要求。

3）施工组织设计大纲主要内容；工程承包合同主要内容和要求。

4）对本项目工程的安排和要求。

5）技术供应、技术检验、推广新技术、新工艺、新材料、新装备、新流程、技术总结等安排和要求。

6）降低成本目标和原则措施。

7）其他施工注意事项。

（2）项目工程总体交底——项目部级技术交底。在项目工程开工前，项目部总工程师应组织有关技术管理部门依据施工组织总设计、工程设计文件、施工合同和设备说明书等资料制定技术交底提纲，对项目部职能部门、工地技术负责人和主要施工负责人及分包单位有关人员进行交底。其主要内容是项目工程的整体战略性安排，一般包括：

1）本项目工程规模和承包范围及其主要内容。

2）本项目工程内部施工范围划分。

3）项目工程特点和设计意图。

4）总平面布置和力能供应。

5）主要施工程序、交叉配合和主要施工方案。

6）综合进度和各专业配合要求。

7）质量目标和保证措施。

8）安全文明施工、职业健康和环境保护的主要目标和保证措施。

9）技术和物资供应要求。

10）技术检验安排。

11）采用技术检验、推广新技术、新工艺、新材料、新装备、新流程计划。

12）降低成本目标和主要措施。

13）施工技术总结内容安排。

14）其他施工注意事项。

（3）专业交底——工地级技术交底。在本工地施工项目开工前，工地专责工程师应根据施工组织专业设计、工程设计文件、设备说明书和上级交底内容等资料拟定技术交底大纲，对本专业范围的生产负责人、技术管理人员、施工班组长及施工骨干人员进行技术交底。交底内容是本专业范围内施工和技术管理的整体性安排，一般包括：

1）本工地施工范围及其主要内容。

2）各班组施工范围划分。

3）本项目工程和本工地的施工项目特点，以及设计意图。

4）施工进度要求和相关施工项目的配合计划。

5）本项目工程和专业的施工质量目标和保证措施。

6）安全文明施工、环境保护规定和保证措施。

7）重大施工方案（如特殊爆破工程、特殊和大体积混凝土浇灌、重型和大件设备、构件和运输吊装、汽轮机扣大盖、锅炉水压试验、化学清洗、锅炉及管道吹洗、大型电气设备干燥、新型设备安装、特高塔组立、大跨越架线、不停电跨线、技术检验、推广新技术、新工艺、新材料、新设备推广、新老厂系统的连接、隔离等）。

8）质量验收依据、评级标准和办法。

9）本项目工程和专业施工项目降低成本目标和措施。

10）技术和物资供应计划。

11）技术检验安排。

12）应做好的技术记录内容及要求。

13）施工阶段性质量监督检查项目及其要求。

14）施工技术总结内容安排。

15）音像资料内容安排和其质量要求。

16）其他施工注意事项。

（4）分专业交底——班组级技术交底。施工项目作业前，由专职技术人员根据施工图纸、设备说明书、已批准的施工组织专业设计和作业指导书及上级交底相关内容等资料拟定技术交底提纲，并对班组施工人员进行交底。交底内容主要是施工项目的内容和质量标准及保证质量的措施，一般包括以下内容：

1）施工项目的内容和工程量。

2）施工图纸解释（包括设计变更和设备材料代用情况及要求）。

3）质量标准和特殊要求；保证质量的措施；检验、试验和质量检查验收评级依据。

4）施工步骤、操作方法和采用新技术的操作要领。

5）安全文明施工保证措施，职业健康和环境保护的要求保证措施。

6）技术和物资供应情况。

7）施工工期的要求和实现工期的措施。

8）施工记录的内容和要求。

9）降低成本措施。

10）其他施工注意事项。

（5）要求设计单位交底的内容一般包括：

1）设计意图和设计特点以及应注意的问题。

2）设计变更的情况以及相关要求。

3）新设备、新标准、新技术的采用和对施工技术的特殊要求。

4）对施工条件和施工中存在问题的意见。

5）其他施工注意事项。

（6）进行各级技术交底时都应请建设、设计、制造、监理和生产等单位相关人员参加，并认真讨论，消化交底内容。必要时对内容做补充修改。涉及已经批准的方案、措施的变动工，应按有关程序审批。

（7）启动调试的技术交底，分别按火电和送变电工程启动验收相关规定办理。

四、技术检验管理

1. 技术检验目的和依据

（1）技术检验是用科学的方法对工程中的设备和使用的原材料、成品、半成品、混凝土以及热工、电工测量元（部）件并包括施工用各类测量工具等进行检查、试验和监督，防止错用、乱用和降低标准，以保证工程质量的重要环节。

（2）检验的内容、方法和标准应按国家和行业颁发的有关技术规程、规定和标准；按制造厂技术条件及说明书的要求执行。进口的设备和材料按供货合同中的规定或标准执行。

2. 技术检验的组织和责任

（1）除检验数量较小或无能力承担检验的内容可委托具有相应资质的试验单位进行检验外，公司或施工现场应按项目工程需要建立和健全土建、金属、电工测量、热工标准等专业试验室，承担技术检验工作。公司应设置管理机构或指定一个部门主管并正常开展计量管理工作。

（2）公司或施工现场各类试验室的资质应符合国家或行业的规定和标准，并取得有关主管部门的认证。

（3）试验室应及时、准确、科学、公正地对检测对象的规定技术条件进行检验，出具试验报告或检定证书，为施工提供科学的依据。发现问题应立即向质量管理部门或委托单位报告，及时研究处理。

（4）计量管理机构的主要职责是贯彻国家和行业有关计量管理工作的法令、法规和标准，制定公司计量管理制度和其他相关规定，并负责公司计量管理系统的管理。

（5）项目部和公司下属的生产单位都应设专职计量员。计量员应持证上岗，在业务上接受公司计量部门的领导。

（6）公司和项目部的质量管理部门是检查、监督技术检验制贯彻执行情况的部门，及时处理检验中发现的问题，重大问题报请总工程师处理。

3. 技术检验相关要求

（1）工程所用的原材料（如金属、建筑、电气、保温、化工及油料等）、半成品、成品和设备，其生产厂应具有相应资质并应随货提供出厂合格证件和出厂检验报告（盖章的复印件），由供应部门接收、保管。出厂证件和试验报告都应经质量管理部门审核。

（2）原材料、半成品、成品和设备遇有下列情况之一者，使用前均应经检验合格后使用：

1）出厂证件遗失。

2）证件中个别试验数据不全、影响准确判定其质量时。

3）原证件规定的质量保证期限已经超过时限。

4）对原证件内容或可靠性有怀疑时。

5）为防止差错而进行必要的复查或抽查。

6）国家规程、规范规定需要检验者。

7）施工合同中有检验规定要求者。

（3）设备开箱检验由施工或建设（监理）单位供应部门主持，建设、监理、施工、制造厂等单位代表参加，共同进行。检验内容是：核对设备的型号、规格、数量和专用工具、备品、备件数量等是否与供货清单一致，图纸资料和产品质量证明资料是否齐全，外观有无损坏等。检验后做出记录。引进设备的商品检验按订货合同和国家有关规定办理。

（4）对外委托加工的成品的检查验收由委托单位负责。

（5）施工中的各项检验，由工地委托试验室进行。试验室及时将检验报告传递给工地保管。试验不合格者，应暂停施工或停用该产品，并报质量和技术管理部门；重大问题应报告项目部总工程师。

（6）机组或送变电工程的启动试验应按《火力发电建设工程机组调试技术规范》（DL/T 5294—2013）等启动调试和竣工验收规定进行。

（7）施工用检测、试验和计量工器具的管理应按国家或行业法规、规程和标准以及上级的规定执行。使用部门应制订操作规程和保养维修制度，指定专人使用保管。

（8）施工机械应按出厂说明书和机械管理制度进行正常维护和定期检查试验，确保机械健康水平。

（9）施工检验的试验报告、证明文件由试验室提交委托单位整理后交项目部技术管理部门汇集整理，列入工程移交资料或归档文件。

五、设计变更管理

（1）经批准的设计文件是施工的主要依据。施工单位应按图施工，建设（监理）单位按图验收，确保施工质量。如发现设计有问题或由于施工方面的原因要求变更设计，应提出设计变更申请，办理签证后方可更改。

（2）设计变更分为小型设计变更、一般设计变更、重大设计变更三种。

1）小型设计变更：不涉及变更设计原则，不影响质量和安全、经济运行，不影响整洁美观，且不增减概（预）算费用的变更事项。例如图纸尺寸差错更正、原材料等强换算代用、图纸细部增补详图、图纸间矛盾问题处理等。

2）一般设计变更：工程内容有变化，但还不属于重大设计变更的项目。

3）重大设计变更：变更设计原则，变更系统方案，变更主要结构、布置、修改主要尺寸和主要材料以及设备的代用等设计变更项目。

（3）设计变更审批手续：

1）小型设计变更。由工地提出设计变更申请单或工程洽商（联系）单，经项目部技术管理部门审核，由现场设计、建设（监理）单位代表签字同意后生效。

2）一般设计变更。由工地提出设计变更申请单，经项目部技术管理部门审签后，送交建设（监理）单位审核。经设计单位同意后，由设计单位签发设计变更通知书并经建设（监理）单位会签后生效。

3）重大设计变更。由项目部总工程师组织研究、论证后，提交建设单位组织设计、施工、监理单位进一步论证、审核，决定后由设计单位修改设计图纸并出具设计变更通知书，还应附有工程预算变更单，经建设、监理、施工单位会签后生效。

超出建设单位和设计单位审批权限的设计变更，应先由建设单位报有关上级单位批准。

4）设计变更通知单应发送各施工图使用单位，工程预算变更单应分送有成本核算及管理单位。其具体份数按合同规定或由相关单位商定。

5）设计变更后涉及其他施工项目也需做相应修改时，在决定变更之前应同时加以研究、确定处理方法，统一提出变更申请，也可以由提出变更的单位提交建设（监理）单位审核后交设计单位处理，组织协调行动。

6）设计变更文应完整、清楚、格式统一；其发放范围与设计文件发放范围一致。设计变更文件应列为竣工资料移交。

六、技术培训管理

1. 一般要求

（1）公司要在市场竞争中立于不败之地，就必须加强对员工素质的教育。技术的培训是对员工的知识和技术进行补充、更新、提高和拓展，是素质教育的重要方面和有效手段，为此公司宜建立完整的技术培训管理体系。

（2）技术培训的基本任务是提高员工的基本技能、质量意识、市场意识、管理意识、创新意识、创新能力和基础理论水平，推动员工综合素质的提高和公司的技术进步，确保施工质量，实现科学管理，培育竞争优势，以赢得市场竞争。

（3）技术培训和素质教育要坚持理论联系实际的原则；坚持按需施教、学用结合、定向培训、讲求实效的原则。

（4）员工要努力学习法律知识，提高政治思想觉悟和职业道德水平；学习国家和行业的技术法规、规程和标准，学习公司相关的制度、规定和岗位职责，达到岗位的要求；学习国内外先进的科学技术和企业管理知识，增强和提高技术业务管理能力和水平。

（5）要认真贯彻执行工人等级鉴定制度、特殊工种和操作人员的资格考核制度。各类施工技术人员均取得相应的资格证书，持证上岗。建立员工技术等级和资格的激励机制，鞭策员工学习业务、技术知识。

2. 组织领导

（1）公司领导应有一人主管培训工作；培训主管部门负责培训的管理工作；职工培训机构负责培训的教学工作。项目部和公司职能部门以及下属单位均应有一名领导负责培训工作，并由一名工作人员（专职或兼职）负责具体工作。班组的培训工作由班组长负责。

（2）公司培训主管部门的职责。

1）制定公司培训工作规划，编制培训计划，总结培训工作。

2）制定公司培训管理制度，检查和考核下属各单位培训工作。

3）组织进行工人技术等签订和岗位资质取证工作。

4）组织员工进行上岗前的培训和考核。

5）定期召开培训工作会议，交流经验，布置工作，提高培训工作水平。

（3）公司培训机构的职责。

1）负责按公司度培训计划组织完成培训任务。

2）负责公司主办的培训班的筹备和举办。

3）组织编制教学大纲和培训教材。

4）负责专、兼职教师的聘用和管理。

5）组织培训考核和办理证书颁发工作。

（4）公司各职能部门的职责。

1）提出由本部门负责的培训计划和应急培训申请。

2）负责确定本部门办班培训规模、范围和学员，推荐任课教师和教材。

3）督促本部门办班培训计划的落实，组织并管理培训班；培训结果报主管部门，并申请发证。

（5）项目部的职责。

1）贯彻执行公司职工培训管理制度。

2）根据需要制订项目工程的培训计划，并组织实施。

3）执行公司年度培训计划，落实学员并做好工作安排。

4）负责实施员工上岗前的培训。

5）负责对包工队施工人员的培训和考核，不合格者不得参与施工。

（6）工地及班长的职责。

1）开展技术业务学习活动。

2）组织实施工地或班组培训计划，制订班组和个人的学习计划和学习内容。

3）组织签订新员工培训合同，检查合同执行情况。主持新员工独立操作之前的技术水平鉴定。

3. 培训管理

（1）培训管理宜按质量管理体系中“人力资源控制程序”进行。即按提出要求、制订计划、组织实施、检查考核、培训记录和效果考评等程序进行。在履行程序过程中，应有相应的管理制度作为依据和保证。

（2）制订培训计划要以施工队伍的实际水平为出发点，以电力建设市场的需求和发展为落脚点，一般内容包括：

1）员工上岗前培训。

2）学校毕业生实习培训。

3）特殊工种的专业培训。

4）技术管理岗位取证培训。

5）员工岗位练兵，短期学习班，定期轮训班。

6）技能鉴定培训。

7）派出学习培训。

（3）宜在年末提出下一年度的公司培训计划，由总经理、总工程师审批后下发执行。计划内容宜包括目的、要求、时间、地点、对象、人数、师资、教材、经费、物资供应、主办和协办单位及负责人等。

（4）技术业务培训除采用一般的讲课、考试或操作练习等方法外，还可采取生动活泼的形式，以提高学员的兴趣和学习效果。

（5）员工宜定期进行技术业务考核，考试合格后才准上岗操作。员工培训和考核成绩记入本人教育档案，作为晋级和工作安排的依据。

七、技术信息管理

（1）对国内外工程技术信息的搜集、整理、储存和应用是推动公司技术进步，不断地提高施工技术和技术管理水平的重要手段。为此，公司应建立技术信息管理体系。

（2）公司宜通过计算机信息管理，并可通过互联网搜集外部有关技术信息。项目部的计算机信息网络可与建设单位、监理单位以及其他相关单位的信息网络联网。未建立计算机信息网络的公司可对照《电力建设工程施工技术管理导则》（国电电源〔2002〕896号）的办法制定技术信息管理制度并运作。

（3）公司要建立技术信息快速储存和传递机制。通过计算机信息网络或书面形式及时储存、传递和报道，避免信息过时失效。

（4）施工技术信息管理工作应由公司总工程师领导，各级技术负责人都应参与这项工作，技术管理职能部门要有专人负责，各级技术人员均为当然的信息员。各级职责如下：

1）公司总工程师的职责。

a. 领导组建技术信息管理工作体系，确定工作目标和计划。

b. 组织制定技术信息管理制度。

c. 督促技术信息管理工作的正常开展；督促信息的及时搜集和有效利用。

d. 领导计算机信息网络的规划、建设和安全运行等方面的工作。

e. 组织技术和经验交流。

f. 制定技术信息管理工作奖励制度。

2）公司下属单位技术负责人的职责。

a. 执行公司信息管理制度和计划，督促、检查所属部门和工地的工作情况，督促其利用MIS开展技术信息的管理工作。

b. 组织制度本单位的实施计划，并经公司总工程师审批后组织实施。

c. 组织本单位的技术交流。

d. 组织学习并引进新经验、新技术。

e. 定期对本单位技术信息工作进行检查、指导。

f. 审批对成绩突出人员的奖励，成绩特别突出人员的奖励报公司总工程师审批。

3）技术人员的职责。

a. 执行本单位技术信息管理工作的实施计划。

b. 搜集现场施工技术信息和国内外的技术信息及时输入信息库或书面传递

给技术信息管理部门。

4）公司施工技术信息管理部门和公司下属单位信息管理部门的职责。

a. 负责组建公司或本单位技术信息管理工作网。

b. 负责制定、技术信息管理制度和年度施工技术信息工作（或实施）计划，报总工程师审批后贯彻执行。

c. 监督检查公司或本单位所属部门（工地）的技术信息工作情况，组织经验交流和技术交流。

d. 负责公司或本系统计算机信息网络的规划、建设、运行、维护和网络安全及信息安全工作，并设专人管理。

e. 负责对信息库内的技术信息进行管理或对收到的书面技术信息进行整理、收存和定期报道；对有实用性、时效性的技术信息要及时报道并推荐采纳。

f. 经批准，组织有关人员外出调研，搜集资料，并整理、推广。

（5）由于各公司所处条件不同、承担的任务内容不同，对技术信息的需求也有所不同。因此，搜集和储存技术信息的内容由各公司自行确定。一般可围绕以下范围进行：

1）国际信息。

a. 国外电力建设施工技术发展动态。

b. 可借鉴的施工新技术、新工艺、新材料和新机具。

c. 可借鉴的施工技术管理方法。

d. 为参与国际市场竞争所需的信息。

2）国内信息。

a. 国家在电力建设方面的方针、政策和规划。

b. 工程招投标方面的信息。

c. 先进的施工技术经验、施工管理和施工技术发展动态。

d. 当前，电力建设工程采用“五新”的成果，特别是与公司在建工程项目相似工程的采用情况。

e. 当前主要在建工程的进展情况。

f. 电力行业各种技术交流信息。

3）公司内部信息。

a. 按档案管理要求归档的文件和资料。

b. “五新”的推广计划和成果。

c. 综合统计的各种技术数据。

d. 施工技术总结和论文。

e. 工程重大的施工方案和技术措施。

f. 技术信息收集和管理工作可与奖惩挂钩；可与工作考评和技术职称评定挂钩，鼓励技术信息工作成绩显著的人员。

第三节 施工方案、作业指导书的编制

由于施工方案、作业指导书能够指导工人按规定的程序及要求进行操作、控制和记录；能够指导检验人员按规定的要求实施监督、检验和检查；能够进一步明确质量责任，促进技术人员、操作人员、检验人员及其他相关人员提高工作质量，从而保证了工程质量。因此，电力施工企业必须十分重视施工方案和作业指导书的编制工作。

一、编制依据

（1）已批准的施工图和设计变更、设备出厂技术文件。

（2）已批准的施工组织总设计和专业施工组织设计。

（3）合同规定采用的标准、规程、规范等。

（4）类似工程的施工经验、专题总结。

（5）工程施工装备和现场条件。

二、施工方案的主要内容

施工方案是对施工难度大，或技术复杂的分部工程的施工进一步细化，是专项工程的具体施工文件。施工方案是施工生产的行为规范，是保证工程安全、质量和进度的重要技术措施。

施工方案的主要内容包括：工程概况、编制说明、编制依据、工程内容、工程进度计划、材料的验收与保管、施工方法和施工程序及技术要求、质量保证措施、安全保证措施、进度保证措施、环境保护措施、施工机械和工具及测量设备需求计划、材料需求计划、施工组织及劳动力需求计划。

三、作业指导书的主要内容

（1）编制依据。

（2）开工应具备的条件和要求（包括对人员的资质要求）。

（3）主要工程量。

（4）施工用主要工器具。

（5）施工工序与方法。

（6）质量控制关键点。

（7）检查验收及质量标准。

（8）环境保护要求。

（9）成品保护的要求。

第四节　电力建设工法的编写与申报

一、工法的概念和特征

1. 工法的定义

工法是以工程为对象，工艺为核心，运用系统工程原理，把先进技术和科学管理结合起来的，经过一定工程实践形成的科学的施工方法。简单地说：工法就是指一种工艺的施工方法。

未经工程实践检验的科研成果，不属工法的范畴。

2. 工法的特征

从定义出发，工法有下列特征：

（1）工法的主要服务对象是工程建设。

（2）工法是技术和管理相结合、综合配套的施工技术。工法不仅有工艺特点（原理）、工艺程序等方面的内容，而且还要有配套的机具、质量标准、技术经济指标等方面的内容，综合反映了技术和管理的结合，内容上类似于施工成套技术。

（3）核心是工艺，而不是材料、设备，也不是组织管理。采用什么样的机械设备，如何去组织施工，以及如何保证质量、安全措施等，都是为了保证工艺这个核心的顺利实施。

（4）工法的编写有着规定的格式和要求。

（5）工法要具有先进性（其关键技术达到国内领先或国际先进水平）、科学性（其工艺原理要有科学依据）、实用性（工艺流程及操作要点、材料与设备、质量、安全、环保等措施在一定的环境下能推广应用，有普遍的应用价值）、效益明显（能保证工程质量和安全，提高效率、降低成本、节约资源、保护环境）。

3. 工法的分类

（1）按照级别工法分为国家级、省部级（行业）和企业级。

1）企业根据承建工程的特点，科研发展规划和市场需求开发编写的工法，经企业组织审定，为企业级工法。

2）省（部）级工法由企业自愿申报，由省、自治区、直辖市建设主管部门或国务院主管部门（行业协会）负责审定和公布。电力建设工法由企业自愿申报，由中国电力建设企业协会负责审定、公布。

3）国家级工法由企业自愿申报，由住房和城乡建设部负责审定和公布。

（2）按照专业专业分类。

1）电力建设工法分为建筑工程、安装工程。

2）工程建设工法分为房屋建筑工程、土木工程、工业安装工程。

二、建立企业工法的意义和作用

（1）企业标准的重要组成部分，是施工经验的总结。

（2）企业开发应用新技术工作的重要内容。

（3）企业技术水平和施工能力的重要标志，也是企业的无形资产。

（4）有利于企业的技术积累，提高企业的技术素质和施工管理能力。

（5）企业的工法体系形成后，可简化施工组织方案的编写与准备工作。

三、工法的编写

1. 电力建设工法的选题分类

（1）通过总结工程实践经验，形成有实用价值、带有规律性的新的先进施工工艺技术，其工艺技术水平应达到国内领先或国际先进水平。

（2）通过应用新技术、新工艺、新材料、新设备而形成的新的专项施工方法。

（3）对类似现有的省（部）级、国家级工法有所创新、有所发展而形成的新的施工方法。

（4）运用系统工程的原理和方法，对若干个分部分项工程工法进行整理而形成的综合配套的大型施工工法。

2. 电力建设工法的编写原则

电力施工企业在编制电力建设工法时，应当遵循以下原则：

（1）工法必须是经过工程实践并证明是属于技术先进、效益显著、经济适用、符合节能环保要求的施工方法。未经工程实践检验的科研成果，不属于工法的范畴。

（2）电力建设工法编写应主要针对某个单位工程，也可以针对工程项目中的一个分部，但必须具有完整的施工工艺。

（3）工法应当按照本节“3. 工法的编写”规定的内容和顺序进行编写。

3. 工法的编写

电力建设工法编写应主要针对某个单位工程，也可以针对工程项目中的一个分部，但必须具有完整的施工工艺。

工法编写的顺序是工法特点、工艺原理在前，最后引用一些典型工程实例加以说明。

确定工法题目的技巧有：

（1）课题来源。课题源头可分为上级计划题目、已实践过的工法开发课题、技术开发形成的课题、实践创新的题目、引进工法的创新五种类型。

（2）新颖性预测。通过科技情报检索完成。一般分层次检索。行业内同类技术检索；国内同类技术检索。一般来说，哪一个层次没有此种经验或技术，那么在该范围内项目有新颖性。检索中，要注意关键技术数量和质量的区别，只要具备明显区别，就可能具有新颖性。

（3）先进性预测。拟选题中的新技术的科技成果鉴定等级，获奖等级。

工法既不是单纯的施工技术，也不是单项技术，而是技术和管理相结合，用系统工程原理总结起来的综合配套的施工技术，其核心是工艺，而不是材料、设备，也不是组织管理。

工法指导施工而不是作业指导书，工法的格式中包含了 11 项内容，而作业指导书着重编制依据、开工条件、作业程序、成品保护等。

1. 电力建设工法的编写内容

电力建设工法的编写内容，分为前言、工法特点、适用范围、工艺原理、施工工艺流程及操作要点、材料与设备、质量控制、安全措施、环保措施、效益分析、应用实例等 11 项。

（1）前言。概括工法的形成原因和形成过程。其形成过程要求说明研究开发单位、关键技术审定结果、工法应用及有关获奖情况。

（2）工法特点。说明工法在使用功能或施工方法上的特点，与传统的施工方法比较，在工期、质量、安全、造价等技术经济效能方面的先进性和新颖性。

（3）适用范围。适宜采用该工法的工程对象或工程部位，某些工法还应规定最佳的技术经济条件。

（4）工艺原理。阐述工法工艺核心部分（关键技术）应用的基本原理，并着重说明关键技术的理论基础。

（5）施工工艺流程及操作要点。

1）工艺流程和操作要点是工法的重要内容。应该按照工艺发生的顺序或者事物发展的客观规律来编制工艺流程，并在操作要点中分别加以描述。对于使用文字不容易表达清楚的内容，要附以必要的图表。

2）工艺流程要重点讲清本工艺过程，并讲清工序间的衔接和相互之间的关系以及关键所在。工艺流程最好采用流程图来描述。对于构件、材料或机具使用上的差异而易引起的流程变化，应当有所交待。

（6）材料与设备。说明工法所使用的主要材料名称、规格、主要技术指标，以及主要施工机具、仪器、仪表等的名称、型号、性能、能耗及数量。对新型材料还应提供相应的检验检测方法。

（7）质量控制。说明工法必须遵照执行的国家、地方（行业）标准、规范名称和检验方法，并指出工法在现行标准、规范中未规定的质量要求，并列出关键部位、关键工序的质量要求，以及达到工程质量目标所采取的技术措施和管理方法。

（8）安全措施。说明工法实施过程中，根据国家、地方（行业）有关安全的法规，所采取的安全措施和安全预警事项。

（9）环保措施。指出工法实施过程中，遵照执行的国家和地方（行业）有关环境、保护法规中所要求的环保指标，以及必要的环保监测、安保措施和在文明施工中应注意的事项。

（10）效益分析。从工程实际效果（消耗的物料、工时、造价等）以及文明施工中，综合分析应用本工法所产生的经济、环保、节能和社会效益（可与国内外类似施工方法的主要技术指标进行对比分析）。

对安装工程工法内容是否满足国家和行业节能、降耗、减排的有关要求应有所交待。

对建筑工程工法内容是否符合满足国家关于建筑节能工程的有关要求，是否有利于推进（可再生）能源与建筑结合配套技术研发、集成和规模化应用方面也应有所交待。

（11）应用实例。说明应用工法的工程项目名称、地点、结构形式、开竣工日期、实物工作量、应用效果及存在的问题等，并能证明该工法的先进性和实用性。一项成熟的工法，一般应有三个工程实例（已成为成熟的先进工法，因特殊情况

未能及时推广的可适当放宽）。

对于在工艺原理、工艺流程、材料与设备的主要技术指标中涉及技术秘密的内容，在申报工法时可予以回避。但须在申报材料中加以说明，在评审时，应当按照知识产权的有关规定对企业秘密加以保护。

按上述内容编写的工法，层次要分明，数据要可靠，用词用句应准确、规范。其深度应满足指导项目施工与管理的需要。

2. 电力建设工法的文本要求

（1）工法内容要完整，工法名称应当与内容贴切，直观反映出工法特色，必要时冠以限制词。

（2）工法题目层次要求：工法名称、完成单位名称、主要完成人。

（3）工法文本格式采用国家工程建设标准的格式进行编排。

1）工法的叙述层次按照章、节、条、款、项五个层次依次排列。“章”是工法的主要单元，“章”的编号后是“章”的题目，“章”的题目是工法所含11部分的题目；“条”是工法的基本单元。编号示例说明如下：

章	节	条	款	项
		1.0.1		
1	——————	1.0.2		
		1.0.3		
2	2.1	2.1.1		
		2.1.2		
		2.2.1	1	
		2.2.2	2	1）
		2.2.3	3	2）
		2.2.4	4	1）

2）工法中的表格、插图应有名称，图、表的使用要与文字描述相互呼应，图、表的编号以条文的编号为基础。如一个条文中有多个图或表时，可以在条号后加图、表的顺序号，例如图1、图1–2……。插图要符合制图标准。

3）工法中的公式编号与图、表的编号方法一致，以条为基础，公式要居中，格式举例如下：

$$A=Q/B\times 100\% \qquad \text{（式1）}$$

式中　A——安全事故频率；

B——报告期平均职工人数；

Q——报告期发生安全事故人数；

（4）工法文稿中的单位要采用法定计量单位，可以用符号表示，如 m、m^2、m^3、kg、d、h 等。专业术语要采用行业通用术语，如使用专业术语应加注解。

（5）文稿统一使用 A4 纸打印，稿面整洁，图字清晰，无错字、漏字。

3. 编写工法的注意事项

（1）工法内容应确保安全，不得有安全质疑。

（2）依据要充分，必要的科学计算不能省略。

（3）具有可操作性，如何操作和质量如何控制要交待清楚。

（4）内容要详实，要展现创新意识、推广价值，防止简单事项罗列。

（5）先进行可全面阐述，切忌轻易否定类似的其他工艺方法。

（6）获得发明奖、科技进步奖和电力科技成果奖的项目，要交待清楚是否鉴定、有否查新、有否专利、是否推广等

（7）工法与技术总结（论文）的区别在于：

1）编写形式不同，工法必须按照前言、工法特点、适用范围、工艺原理、施工工艺流程及操作要点、材料与设备、质量控制、安全措施、效益分析和应用实例等 11 项内容进行编写；技术总结（论文）是一种编写形式多样化的文件。可以是已完工艺的成功与失败的经验总结，也可以是新技术的研究与发明，而工法必须经过实践证明可行工艺的规范性文件。

2）内容不变，形式可以互换（方案设计及施工工艺可以变更为施工工艺流程及操作要点，体会和结语可以变更为效益分析）。

（8）工法编制的误区。

1）前言冗长，不精练。工法的前言是概述工法的形成过程和关键技术的鉴定及获奖情况。因此，前言用语要准确规范，文字要言简意赅，切忌词语冗长，更不能将工程概况写入前言。

2）此特点非彼特点。不能将工法中涉及的材料、构件的特性理解为工法的特点，更不能理解为要向大家介绍这篇工法的写作特点。

3）工艺原理不明确。工艺原理是说明本工法工艺核心部分的原理。通过工法中涉及的材料、构件的物理性能和化学性能说明本工法技术先进性的真正成因。

4）工艺流程要点不对应。工艺流程是施工操作的顺序，在工法编制中用网络图表示。因此，操作要点一定要对应网络图中施工顺序进行详细地阐释。不能网络图中提到的施工步骤在操作要点中没有解释，也不能操作要点中说明的问题在

网络图中没有反映。

5）材料说明不全面。为保证工法具有广泛的适用性，工法中涉及的有关“材料”的指标数据一定要严谨、准确。在介绍工法“材料”内容时，除介绍本工法使用新型材料的规格、主要技术指标、外观要求等，还应注明材料来源的生产厂家。因为不同厂家生产出的同类材料在规格、性能上可能有细微差别。实例应用中，材料的准备、配比、用量会有细小的调整。此外还应强调该材料在操作要点中起到的作用，以证明该材料在工法技术实现中是必不可少的。

6）质量控制不能全面照抄规范。有些工法的质量要求可依据现行国家、地区、行业的标准、规范规定执行，有些工法由于采用的是新技术、新材料、新工艺，在国家现行的标准、规范中未规定质量要求，因此在这类工法中质量要求应注明依据的是国际通用标准、国外标准，还是某科研机构、某生产厂家的试行标准，使工法应用单位明确本工法的质量要求，使质量控制有参照依据。

7）安全措施要有针对性。如有的工程在冬季施工，其安全措施无季节性施工安全措施等。

8）环保措施要大于文明施工。例如有的工法的环保措施大于文明施工的措施，实际上工法的环保措施不一定要大于文明施工的措施。

9）效益分析片面性。在工法的效益分析中，人们往往只注意成本效益的分析而忽略了工期效益、质量效益的分析。其实，有些工法要推广的技术前期成本投入并不低，然而它带来的工期效益、质量效益、安全效益、环保效益等综合效益却很高。因此，不能认为前期成本投入高的工法就不是一篇好工法，更不能认为这类高技术含量的工法在效益分析上没有可比性，这样会走入效益分析片面性的误区。

10）应用实例是工程概况的提炼。有的工法把应用实例写成了提炼的工程概况，而没有写出能证明该工法先进性和实用性的内容等。

四、工法的申报

1. 电力建设工法的申报

（1）电力建设工法由企业自愿申报，省级电力行业协会（建协）或上级主管部门签署意见后，由各电力建设企业直接向中国电力建设企业协会申报。不接受个人申报。

（2）申报电力建设工法应提交以下资料：

1）电力建设工法申报表。

2）工法具体内容材料。

3）企业级工法批准文件复印件。

4）关键技术审定证明或与工法内容相应的国家工程技术标准复印件等支持性材料。

工法中采用的新技术、新工艺、新材料、新设备尚没有相应的国家和行业工程建设标准的，其关键技术应经中国电力建设企业协会中国电力建设专家委员会审定。对已经省级建设主管部门等单位组织的建设工程技术专家委员会审定的，行业协会不再重新审定。

5）应用此工法的三个工程实例证明和效益证明：工法应用实例证明由使用该工法施工的工程监理单位或建设单位提供；效益证明由申报单位财务部门提供。

6）当关键技术属填补国内或行业空白时，科技查新报告由相应的技术情报部门提供。

7）关键技术专利证明及科技成果获奖证明复印件。

8）反映应用工法施工的工程录像片（5mm，重点是反映工法操作程序）。

9）以上全部材料的电子版。

（3）电力建设工法申报材料必须齐全且打印装订成册。

（4）申报前工法完成单位和主要完成人的排序有争议，且争议尚未解决的工法不予受理。

（5）报送电力建设工法申报材料时，同时缴纳电力建设工法评审费。

（6）电力建设工法每年评审一次。申报时间：申报截止日期一般为每年4月30日。

2. 国家级工法的申报与有效期

（1）国家级工法的申报。

1）国家级工法申报表（必须提供）。

2）工法内容材料（必须提供）。

3）省级工法批准文件复印件、企业工法批准文件复印件（必须提供）。

4）关键技术的鉴定证书。

5）3份工程应用证明原件（特殊情况例外，必须提供）。

6）经济效益证明原件（必须提供）。

7）关键技术获得专利、科技成果奖励的证明。

8）科技查新报告。

9）反映应用工法施工的工程录像或照片（必须提供）。

10）省部级工法评审委员会评审推荐意见。

（2）国家级和电力建设工法有效期均为六年。

需要注意的是，行业级、国家级工法的申报要求每年会略有不同，需注意查看相关文件。

第五章　工程监理与工程质量监督

第一节　施工监理的概念、依据及准备

施工监理是指监理单位对施工阶段的建设主体或参与者的建设行为，包括对设计、施工与安装、采购、供应等施工活动进行监督、检查、评价、控制和确认，并通过相应的管理措施和手段，使其建设行为和活动符合国家有关法律、法规和行政规章与合同的要求，确保其合法性、科学性、合理性、经济性和有效性，使工程的质量、进度、费用和安全实现规定的目标。

工程施工阶段的监理是目前我国监理工程师主要的服务范围，监理的主要内容有工程质量、工程进度、工程投资和安全文明施工，按照施工合同和采购合同的规定，利用各类信息资料，在工程施工过程中进行协调，实现静态控制，动态管理，完成工程项目预期的目标。

施工监理的依据和准备见表 5–1。

表 5–1　　施工监理的依据和准备

名称	项目	内　容
施工监理的依据	合同依据	（1）委托监理合同。 （2）施工承包合同。 （3）设备/材料供货合同
	法律法规依据	（1）有关建设的法律、法规和行政规章。 （2）建设工程监理规范。 （3）行业管理制度
	技术依据	（1）国家和行业现行的技术标准、规程、规范。 （2）设计图纸和设计文件
施工监理的准备	组织准备	（1）根据投标书中的监理大纲所规定的组织机构形式，成立工程项目监理机构，将决策层、协调层、执行层、操作层的关系和部分分工进行确定。 （2）以投标书或经过监理单位确定的总监理师、总监代表、副总监、各专业监理师、监理员、信息员等的岗位职责予以明确

续表

名称	项目	内　容
施工监理的准备	管理制度	项目经理部确定后，由总监理师组织编制项目部的各项管理制度和岗位职责，包括： （1）行政管理制度。 （2）现场监理工作制度。 （3）监理工作制度。 （4）监理工作程序和表格样式
	技术文件准备	（1）由建设单位提供的工程建设文件和现场管理制度。 （2）工程设计文件和资料。 （3）施工验收技术规范和质量检验及评定标准。 （4）编制监理规划和专业监理实施细则
	首次工地监理会议的准备	（1）介绍项目监理单位驻现场的组织机构和人员。 （2）要求建设单位宣布对总监理师的授权。 （3）要求建设单位介绍工程开工准备情况。 （4）要求承包单位介绍工程施工准备情况。 （5）对工程施工准备情况提出监理意见。 （6）总监理师介绍监理规划、监理程序要求和监理作业表格样式
	监理设施准备	（1）按照监理合同规定，完善现场监理机构的办公设施和生活设施。 （2）按照监理工作的要求，购置监理设施和用具

第二节　工程施工阶段的监理

一、工程施工质量的控制

施工质量的控制目标应达到：

（1）保证工程质量是按照原先确定的质量策划完成的。

（2）工程质量满足设计的质量标准和合同规定的标准。

（3）提供的技术文件和质量文件符合有关规定，满足用户对今后工程维修和改扩建的要求。

根据监理委托合同所规定的工程项目内容进行项目的建筑安装工程的质量控制任务。质量控制主要从施工工艺、工序、材料、设计图纸、施工方案、检测方法等方面着手，以质量预控制为指导，采取事前、事中、事后控制的方法进行质量控制。事前控制主要是将发生质量问题的因素进行控制；事中控制主要是对质量形成过程进行监督和检查；事后控制是对成果进行验收验证，确保符合标准的规定。施工阶段质量控制的任务可用图 5–1 表示。

施工阶段质量控制的内容和要点见表 5–2、表 5–3、表 5–4，施工阶段的质量控制程序如图 5–2 所示。

- 施工阶段质量控制
  - 事前质量控制
    - 施工队伍技术资质的审查 —— 控制人的因素
    - 原材料、半成品及构配件的质量监控 —— 控制材料因素
    - 施工方法、检验方法质量控制；设备的质量监控 —— 控制机械因素
    - 施工机械设备的质量监控
    - 参与对新材料、新结构、新工艺、新技术的鉴定；组织设计图纸会检及技术交底 —— 控制工艺要求和方法
    - 参与或组织施工组织设计及施工方案的审查
    - 测量标点、水准点、测量放线的复核；审查开工报告、复核开工条件 —— 控制环境因素
  - 事中质量控制
    - 工序质量控制
    - 质量资料核查
    - 设计变更和图纸修改的控制
    - 施工作业的监督和检查
    - 组织质量监督和参与工程项目的检查验收
    - 组织质量信息的反馈
  - 事后质量控制
    - 单位工程和单项工程验收
    - 参与工程竣工验收
    - 参与工程试运行及试生产
    - 审查工程质量文件
    - 参与质量总评及后评价
    - 竣工图的审查

图 5–1　施工阶段质量控制的任务

表 5–2　　施工阶段质量控制的内容和重点（事前控制）

序号	控制项目	控制内容	控制要点
1	对施工队伍及人员质量的控制	施工承包单位和分包单位的技术资质	（1）审查资质等级和承包项目相符合。 （2）特殊行业施工许可证。 （3）施工业绩表。 （4）安监部门颁发的“安全施工合格证”
		审验特殊工种上岗证书	（1）建造师证书。 （2）特殊工种证书及有效期
2	原材料、半成品及构配件的质量监控	采购质量控制	（1）对制造商资质的审查。 （2）确认制造标准及技术条件。 （3）大宗器材进行招标采购。 （4）要求供货方提供质量保证文件
		对材料、构配件进场的质量控制	（1）施工单位提供进场检验报告。 （2）监理人员进行必要的抽检
		材料、设备存放条件的控制	按《电力基本建设火电设备维护保管规程》（DL/T 855—2004）要求
3	施工检验方法	现场试验室审验	（1）试验室管理人员应通过验证。 （2）试验员及检验员验证、工作等级及类别应和实际工作岗位相一致

续表

序号	控制项目	控制内容	控制要点
4	设备质量监控	采购质量控制	（1）通过招标选择供应商。 （2）审查设备规范书
		设备监造	（1）选择有资质的监造单位。 （2）监造人员按H、W、R点进行验证。 （3）出厂检验签证
		设备开箱验收	记录验收中的缺件和缺陷，并经责任方确认
5	施工机械设备的质量监控	施工机械的选型	（1）审查施工机械性能应满足要求。 （2）审查施工机械的技术试验报告。 （3）审查出厂合格证、安全技术检验合格证、安全准用证。 （4）审查管理制度和操作规程
		施工机械的验证	
6	对新材料、新结构、新工艺、新技术的鉴定	审查技术鉴定报告	（1）鉴定报告符合工程实际。 （2）必要时进行现场调研
7	组织设计图纸会检及技术交底	参加技术交底	由专业监理工程师参加，对设计存在问题提出意见
		组织设计图纸会检	（1）审查设计深度是否满足施工要求。 （2）审查设计各专业配合和接口是否正确。 （3）审查材料选型是否合理，能否代用。 （4）审查有无漏、错、碰、缺现象。 （5）审查设计方案能否满足施工方案要求。 （6）达成共识后形成纪要，变更部分由设计单位出变更单
8	组织施工组织设计和施工方案的审查	审查施工组织总设计及专业设计	（1）审查施工方案，重大施工技术措施。 （2）审查施工总平面及占地面积。 （3）审查施工进度计划。 （4）审查力能供应系统。 （5）审查质量管理体系、安全管理体系、环境管理体系、测量管理体系
		审查施工作业指导书	（1）审查施工工艺方法、措施。 （2）审查施工作业程序、工器具要求。 （3）审查施工作业质量见证点计划。 （4）审查采用的质量标准。 （5）审查消除质量通病措施
		审查安全技术措施	（1）审查重要施工工序以及关键部位安全技术措施。 （2）审查特殊作业项目安全技术措施。 （3）审查季节性施工安全技术措施。 （4）审查重要临时设施项目安全技术措施。 （5）审查交叉施工项目安全技术措施

续表

序号	控制项目	控制内容	控制要点
9	测量标点、水准点、测量放线复核	（1）复核测量放线控制成果。 （2）控制桩的保护措施	（1）检查承包单位专职测量人员岗位证书。 （2）检查测量设备检定证书、记录确认记录。 （3）复核控制桩校核成果，包括平面控制网、高程控制网、临时水准点测量成果。 （4）检查控制桩的保护措施
10	审查开工报告	（1）复核开工报告。 （2）签署开工报告	（1）施工组织设计已报批。 （2）图纸已到位，并进行了会检。 （3）设备供应已落实，材料已到场。 （4）承包商已验资，合同已签订，资金已落实。 （5）施工机械、施工场地、施工临建满足施工需要。 （6）施工许可已办理。 （7）开工审计已完成。 （8）测量放线已复验

表 5–3　　施工阶段质量控制的内容和重点（事中控制）

序号	控制项目	控制内容	控制要点
1	工序质量控制	（1）合理确定工序流程和施工方案。 （2）正确确定质量控制点。 （3）参加重要工序的交接检查。 （4）隐蔽工程验收	（1）单位工程开工后严格监督施工单位按施工组织设计中确定的施工方案施工并按照作业指导书已明确的工艺方法和作业程序进行施工。 （2）检查和参加技术交底，要求施工单位实行三级技术交底，对重要工序，监理抽查交底记录。 （3）将已确定的质量见证点，分成停工待检点（H点）、现场见证点（W点）、文件见证点（R点）、旁站点（S点），按工序进行见证。 （4）质量验收和见证按照《电力建设施工质量验收及评价规程》（DL/T 5210）执行。 （5）严格工序间的交接检查，重要的工序交接按H点处理，土建交接检查点应有监理进行监督。 （6）隐蔽工程作为H点进行停工检验，未经验收签证不得覆盖和进入下道工序，对重要的隐蔽工程，在隐蔽过程中监理将进行旁站（S点）
2	质量资料和质量控制图表	（1）监理实施技术复核制度。 （2）审查施工单位提交的质量统计和报告	（1）对施工单位的质量验收和质量统计报表，监理单位进行技术复核，认为有必要时，可进行抽查，符合要求予以签认。 （2）对施工单位提交的试验报告进行抽查。 （3）审查施工单位的质量管理文件。 （4）审查施工缺陷或质量事故处理报告

续表

序号	控制项目	控制内容	控制要点
3	设计变更和图纸修改控制	监理确认设计变更	（1）执行设计变更确认程序，分别对小型变更、普通变更和重大变更的确认程序做出规定。 （2）当设计变更涉及安全和环保时应经有关部门审定。 （3）确定设计变更时应由工艺专业和技经专业联合进行评估
		审查工程变更	（1）工程变更涉及设计修改时先由设计提出意见。 （2）总监理工程师组织各有关专业监理工程师从造价、项目功能要求、质量和工期全面进行评估
4	对施工作业的监督和检查	（1）监理工程师加强现场巡视对不符合工序质量要求和未按批准的施工方案或者作业指导书施工的要及时制止和纠正。 （2）对违章作业影响质量的可以实行质量否决权。 （3）对不合格项目的处理	（1）工程质量下降或出现质量缺陷，要求施工单位进行整改。 （2）对下列情况，总监理工程师下达暂停令： 1）对停工待检点未签证擅自进行下道工序。 2）质量下降，整改后效果不好。 3）特殊工种无证操作，质量不能保证。 4）施工方案未经监理批准。 （3）对不合格项分为处理、停工处理、紧急处理三种，严格按提出、受理、处理、验收四个程序实行闭环管理
5	对隐蔽工程、分项工程、分部工程进行检查验收	编制施工质量检验项目划分表；对重要施工阶段和关键部位组织阶段性质量监督活动	（1）按照《电力建设施工质量验收及评价规程》（DL/T 5210）进行验收，确定质量验收项目划分表。 （2）总监理工程师负责抽查一、二级验收，负责组织对四级验收项目进行验收。 （3）审查分项、分部工程验收记录，重要工序和关键部位进行阶段性检查，由施工单位自检，监理复检，质监站或中心站进行监督检查
6	组织质量信息反馈	（1）对现场发生的质量缺陷通知施工单位整改。 （2）编制简报、月报等	（1）发生质量缺陷后，监理向施工单位发出整改通知。 （2）需要专题协调解决的质量问题，及时进行协调并做出纪要。 （3）及时向总监理工程师报告质量信息。 （4）对工序质量的状况进行分析。 （5）监理进行平行检测，要及时向建设单位通报

表 5–4　　施工阶段质量控制的内容和重点（事后控制）

序号	控制项目	控制内容	控制要点
1	单位工程及分部分项工程验收	（1）单位工程及分项分部工程验收。 （2）单位工程及分项分部工程质量评价	（1）对分项分部工程质量验收的复查。 （2）对分项分部工程质量质保资料的复查。 （3）对单位工程质量观感评分。 （4）对单位工程质量综合评定
2	参与工程试运行、试生产	参与工程试运行	（1）审查调试方案及措施。 （2）协调调试网络图。 （3）组织验收试运条件。 （4）参与质监中心站的试运行前检查。 （5）参与单机试转、分系统试运行、整套试运行。 （6）督促承包商消除缺陷。 （7）参与签署《启动验收证书》。 （8）审查调试报告
		参与工程试生产	（1）协助建设单位选择机组性能测试单位。 （2）参与机组性能测试。 （3）审查机组性能测试报告提出监理意见。 （4）对试生产质量事故进行分项，确定责任归属，督促责任单位消缺。 （5）审查机组启动试运行可靠性评价报告。 （6）参与签署《移交生产证书》
3	参与工程竣工验收	参与机组达标投产考核	（1）参与建设单位组织的达标投产自检，考核评分。 （2）参与建设项目法人主管的预检。 （3）参与达标投产复检
		参与工程竣工验收	（1）协助建设单位清理资产，编报竣工决算。 （2）参与后评价准备工作，监理提出投资分项报告。 （3）监理编制监理工作总结。 （4）参与竣工验收，参加签署竣工验收报告
4	审查工程质量文件	（1）审查承包商的施工资料。 （2）审查设计单位的竣工资料。 （3）审查设计、施工、调试和生产单位的工程总结。 （4）审查移交生产的备品备件和专用工具清单。 （5）核定试生产阶段发现的质量缺陷清单	（1）核查施工技术文件。 （2）核查施工指导文件。 （3）核查施工质保文件。 （4）核查施工质量验收资料。 （5）组织施工、调试单位配合设计单位编制竣工图。 （6）审查《竣工图编制总说明》，核查分册说明。 （7）竣工图内容深度按照《电力工程竣工图文件编制规定》（DL/T5229—2005）。 （8）审查各单位工程总结。 （9）审查移交生产的备品备件和专用工具清单。 （10）核定试生产阶段出现的质量缺陷及消缺验收资料
5	参与质量总评价及后评价准备	参与质量总评价	（1）统计机组建筑、安装单位工程验收情况。 （2）对安全文明生产检查评分。 （3）对机组整套试运综合质量进行考核评分
		参与后评价准备工作	

续表

序号	控制项目	控制内容	控制要点
6	审查竣工图	（1）审查设计单位的竣工图。 （2）审查制造单位的设备竣工图	按照原国家基本建设委员会《编制建设工程竣工图的几项规定》（（1982）建发施字 50 号）和《电力工程竣工图文件编制规定》（DL/T 5229—2005）办理

二、工程施工进度的控制

施工进度的控制是以施工合同所确定的工程施工进度为依据，对施工过程进行监督、检查、协调和纠偏的行为过程。

施工进度的控制是一个系统工程，涉及到设计、施工、调试、资金、设备、劳动力、环境、交通运输、管理水平等诸多因素。为保证实现施工合同规定的工期目标，影响施工进度的各种因素必须围绕工程的主进度进行有条不紊的管理和控制工作。

施工进度控制的方法主要是建立计划、实现控制和过程协调。施工进度控制的基本措施有：组织措施、技术措施、合同措施、经济措施、信息管理措施。

三、施工阶段的投资控制

建设项目投资的有效控制是工程建设项目管理的重要组成部分，施工阶段投资控制是指工程在完成招投标签订承包合同之后，监理工程师对工程建设的施工过程的监督与控制，施工阶段的投资目标就是计划投资额，在施工过程中将承包合同规定的合同价和按规定应调整的费用总和，控制在计划投资额之内，因此监理工程师在施工过程中应将实际发生值与目标发生值进行比较，分析发生偏差的原因，采取有效措施，保证投资目标的实现。

施工阶段投资控制的基本措施有组织措施、经济措施、技术措施、合同措施。

四、工程施工阶段安全文明控制与管理

施工安全是指在实现工程质量、成本、工期等目标的同时，保证各类施工人员的安全和设备不受损坏，不发生人身伤亡和财产损失事故。

文明施工是指在施工过程中，现场施工人员的生产活动和生活活动必须符合正常的社会道德规范和行为准则，按照施工生产的客观要求，从事生产活动，减少对现场周围的自然环境和社会环境的不利影响，杜绝野蛮施工和行为卤莽，从

而使工程达到预期的质量目标和降低工程成本。

电力工程建设监理对安全文明施工的控制，主要依据原电力部颁发的《电力建设文明施工规定及考核办法》和原国家电力公司颁发的《电力建设安全健康与环境管理工作规定》进行监督和控制。

第三节 工程质量监督

根据《中华人民共和国建筑法》、国务院《建设工程质量管理条例》和原建设部《关于质量监督机构深化改革的指导意见》，政府质量监督机构必须建立和遵循严格的工程质量监督程序，以加大建设工程质量监督的力度，保证建设工程质量。质量监督机构对建设工程质量监督的依据是国家的法律、法规和强制性标准；主要目的是保证建设工程使用安全和环境质量；主要内容是监督工程建设各责任主体和有关机构履行质量责任的行为与工程实体质量以及同时生成的各类技术资料、文件实施工程阶段性（重点项目）和随机性的监督检查，以保证电力建设工程符合国家和电力行业相关的管理规定和技术标准，维护社会和公众利益的行政执法行为。

责任主体是指参加工程建设的建设、勘察、设计、施工、调试、监理、生产等参加工程建设（能够影响工程质量）的各单位。

有关机构是指工程质量检测机构（包括土建试验室、金属试验室等）。

质量行为是指工程项目建设过程中，责任主体和有关机构为履行国家和电力行业相关法律、法规规定的质量责任和义务所进行的活动。

一、质量监督的职能

质量监督的职能有以下几个方面

（1）预防的职能：加强过程控制。

（2）补救的职能：处理措施，方案。

（3）完善的职能：各项监督配套。

（4）参与解决职能：发现问题要求整改。

（5）评价职能：结论性意见。

（6）情报职能：提供信息服务。

（7）教育职能：培训。

二、质量监督的作用与质量方针

1. 质量监督的作用

（1）采取有力手段发现和纠正忽略质量、粗制滥造、以次充好等危害质量的行为。

（2）是保证实现国民经济计划质量目标的重要措施。

（3）提高我国产品在国际上的竞争能力。

（4）是维护消费者利益和保障人民权益的需要。

（5）贯彻质量法规和技术标准。

（6）是促进企业提高素质、健全质量管理体系的重要条件。

（7）是经济信息的重要渠道，是客观可信的质量信息源。

2. 质量方针

（1）为经济建设服务。

（2）坚持公证科学监督的方针。

（3）坚持以规范、标准为依据，公正执法。

三、电力建设工程质量监督体系

1. 电力建设质量监督管理机构

电力建设工程质量监督机构分为电力建设工程质量监督总站、省（自治区、直辖市）电力建设工程质量监督中心站和工程质量监督站三级。

2. 质量监督的形式

（1）抽查型质量监督：随机性。

（2）评价型质量监督：结论性意见。

（3）仲裁型质量监督：意见不一致时进行协调确认。

四、电力建设工程质量监督检查应具备的条件和内容与要求

1. 电力工程质量监督检查应具备的条件

阶段性质量监督检查时，施工现场应具备的条件是完成质量监督检查工作的基础，现场的技术条件越充分，检查工作进行的就会越顺利，所做的结论就会越准确，取得的监检效果才会越好，才能达到质量监督的目的。

电力工程质量监督检查应具备的条件应当满足《火力发电工程质量监督检查大纲》和《输变电工程质量监督检查大纲》（国能综安全〔2014〕45 号）与《风

力发电工程质量监督检查大纲》及《光伏发电工程质量监督检查大纲》（国能安全〔2016〕102 号）中所规定的质量监督检查应具备的条件的内容。

《火力发电工程质量监督检查大纲》的内容包括：首次监督检查、地基处理监督检查、主厂房主体结构施工前监督检查、主厂房交付安装前监督检查、锅炉水压试验前监督检查、汽轮机扣盖前监督检查、厂用电系统受电前监督检查、建筑工程交付使用前监督检查、机组整套启动试运前监督检查、机组商业运行前监督检查。

《输变电工程质量监督检查大纲》的内容有：首次监督检查、地基处理监督检查、变电（换流）站主体结构施工前监督检查、变电（换流）站电气设备安装前监督检查、变电（换流）站建筑工程交付使用前监督检查、变电（换流）站投运前监督检查、架空输电线路杆塔组立前监督检查、架空输电线路导地线架设前监督检查、架空输电线路投运前监督检查、电缆线路工程安装前监督检查、电缆线路工程投运前监督检查。

《风力发电工程质量监督检查大纲》在内容上共包括四部分，分别是首次监督检查、风力发电机组工程（地基处理检查、塔筒吊装前检查、分批机组启动前检查）、升压站工程（地基处理检查、建筑物主体结构施工前检查、建筑工程交付使用前检查、升压站受电前检查）、商业运行前监督检查。

《光伏发电工程质量监督检查大纲》共包括五部分，分别是首次监督检查、光伏发电单元组（光伏电池板安装前检查、光伏发电单元启动前检查）、独立蓄能工程（地基处理检查、蓄能电池组安装前检查、蓄能设施投运前检查）、升压站工程（地基处理检查、建筑物主体结构施工前监督检查、建筑工程交付使用前检查、升压站受电前检查）、商业运行前监督检查。

2. 电力工程质量监督检查的内容与要求

电力建设工程质量监督检查的内容分为责任主体质量行为、工程实体质量、质量监督检测三个部分。其具体内容与要求见《火力发电工程质量监督检查大纲》和《输变电工程质量监督检查大纲》（国能综安全〔2014〕45 号）与《风力发电工程质量监督检查大纲》及《光伏发电工程质量监督检查大纲》（国能安全〔2016〕102 号）的相关规定。

五、电力工程质量监督检查的方法与问题整改

1. 电力工程质量监督检查的方法

电力工程质量监督检查的方法以阶段性（重点）项目检查方式为主，结合不

定期巡检并随机抽查、抽测的方法进行。无论是阶段性检查还是随机巡检，都是以抽查的方法进行的，这是电力工程的技术特点所决定的。因此，每次监督检查工作开始前，监检组和专家应做好分工协调和选项的准备，以便能在有限的时间内保证检查的质量。

2. 电力工程质量监督检查问题的整改

（1）对严重违反质量管理程序的行为或影响质量安全的重大质量问题，应根据其危害程度，由质监机构签发《电力工程质量监督检查整改通知书》或《停工令》。

项目法人单位（建设单位）接到《电力工程质量监督检查整改通知书》或《停工令》后，应在规定时间内组织完成整改，经内部验收合格后，填写《电力工程质量监督检查整改回复单》，报请质监机构复查核实。

凡由质监机构下达《停工令》的工程，须经该质监机构复查合格，并签发《复工令》后，方可继续施工。

（2）在工程转序节点，如未发现影响工程转序质量问题的，应根据《电力工程质量监督检查专家意见书》，由质监机构向项目法人单位（建设单位）签发该阶段《工程质量监督检查转序通知书》。如有影响转序质量问题的，项目法人单位（建设单位）必须组织整改闭环，质监机构对《电力工程质量监督检查整改回复单》核查无误后，再核发该阶段《工程质量监督检查转序通知书》。未通过本阶段质量监督检查的，不得转入下阶段工序施工。

第四节 特种设备安装改造重大修理告知与监督检验

一、特种设备的概念

特种设备，是指对人身和财产安全有较大危险性的锅炉、压力容器（含气瓶）、压力管道、电梯、起重机械、客运索道、大型游乐设施、场（厂）内专用机动车辆，以及法律、行政法规规定适用《特种设备安全法》的其他特种设备。

二、特种设备安装改造重大修理告知

安装、改造、重大维修特种设备前项目部应到使用单位所在地直辖市或设区的市质量技术监督局特种设备安全监察机构办理施工告知手续，经告知后方可开工。

施工前告知应当采用书面形式，根据《质检总局办公厅关于进一步规范特种设备安装改造维修告知工作的通知》（质检办特函〔2013〕684 号）的规定，告知书可采用派人送达、挂号邮寄或特快专递及传真、网上告知、电子邮件等方式。采用传真、电子邮件方式告知时，应采用有效方式与接收告知的特种设备安全监察机构确认告知书是否收到。告知材料包括:《特种设备安装改造维修告知书》（盖施工单位公章）、《特种设备安装改造维修许可证》复印件（盖施工单位公章)。《特种设备安装改造维修告知书》见表 5–5，告知书编号可按设备出厂编号+施工单位施工工号+年份（4 位数）进行编制。

表 5–5　　特种设备安装改造维修告知书

施工单位：（加盖公章）　　　　告知书编号：______

<table>
<tr><td>设备名称</td><td colspan="2"></td><td colspan="2">型号（参数）</td><td></td></tr>
<tr><td>设备代码</td><td colspan="2"></td><td colspan="2">制造编号</td><td></td></tr>
<tr><td>设备制造单位全称</td><td colspan="2"></td><td colspan="2">制造许可证编　号</td><td></td></tr>
<tr><td>设备地点</td><td colspan="2"></td><td colspan="2">安装改造维修日期</td><td></td></tr>
<tr><td>施工单位全称</td><td colspan="5"></td></tr>
<tr><td>施工类别</td><td>安装□
改造□
维修□</td><td>许可证编　号</td><td></td><td>许可证有效期</td><td></td></tr>
<tr><td>联系人</td><td></td><td>电　话</td><td></td><td>传　真</td><td></td></tr>
<tr><td>地　址</td><td colspan="3"></td><td>邮　编</td><td></td></tr>
<tr><td>使用单位全称</td><td colspan="5"></td></tr>
<tr><td>联系人</td><td></td><td>电　话</td><td></td><td>传　真</td><td></td></tr>
<tr><td>地　址</td><td colspan="3"></td><td>邮　编</td><td></td></tr>
</table>

注　1. 告知单按每台设备填写。

2. 施工单位应提供特种设备许可证书复印件（加盖单位公章）。

三、特种设备安装改造重大修理监督检验

按照《锅炉监督检验规则》（TSG G7001—2015)、《压力容器安全技术监督规程》（TSG 21—2016)、《压力管道安装安全质量监督检验规则》（国质检锅〔2002〕83 号)、《起重机械安装改造重大维修监督检验规则》（TSG Q7016—2016）的规

定，需要进行安装、改造、重大维修监督检验的特种设备，应当在特种设备安装、改造、重大维修施工前向施工所在地有资格的特种设备检验检测机构申请监督检验，并为开展监督检验工作提供条件。

特种设备经竣工验收合格后，公司需在30日内将安装改造维修质量证明文件及其他有关施工技术资料移交使用单位存档。

第六章　计量管理

第一节　概　　述

一、概念

计量管理是计量技术管理、计量经济管理、计量行政管理及计量管理法制管理之间关系的总称。计量管理是计量工作中不可缺少的组成部分，甚至是更重要的因素。如果没有较好的计量管理，即使有高准确有计量基准、计量标准和计量检测设备和测量条件，全国的计量单位和单位量值也不可能得到统一和准确，全国的测量领域将会一片混乱。

换句话说，计量管理是在充分了解研究当前计量学技术发展特点和规律的前提下，应用科学技术和法制的手段，正确地决策和组织计量工作，使之得到发展和前进，以实现国家的计量工作方针、政策和目标。

现代计量管理是以法制计量管理为核心，综合运用技术、经济、行政等管理手段，并以系统论、信息论和控制论等现代化管理科学为理论基础的管理科学。目前，我国已基本实现了计划经济体制向市场经济体制的过渡，加入了世界贸易组织，社会经济快速发展，社会管理的各个方面随之进行着全面调整，计量管理也不例外。

二、计量管理在监控产品质量中的地位

计量管理在监控工程质量中，是企业生产经营一项基础性的技术管理工作。计量工作是检验工程质量的技术基础。一方面，为了保证工程质量，计量测试工作就要贯穿于整个施工生产过程中。就产品而言，从原材料进厂，到最后生产出成品的各个阶段，都要对产品进行各种计量测试工作。另一方面，测试手段大都是由各种性能的仪器仪表设备所组成，它们的准确性如何，直接影响着产品质量的检验结果。所以，工程质量的好坏，不但取决于生产工人的操作技术，而且取

决于生产过程的检测工作和检测设备的完好状况。总之，检验工程质量实际上是先定量分析，后质量判断，让数据来说明工程的质量情况。所以，要想得到正确的测试数据，必须依靠计量技术来保证。

三、计量管理在监控工程质量中的作用

1. 技术保证作用

工程质量是施工企业生存和发展的关键，企业在施工生产过程中离不开定量分析。一定量的变化，可达到一定质的要求。质量的变化是通过数据来表达和决定的。施工生产活动的全过程，从原材料到成品，都有各种参数的计量要求。计量技术的保证作用，首先是要保证计量单位制的统一，量值的准确可靠。计量管理就是通过对检验、测量和试验设备的量值校准、传递、调整，来确保量值的准确。其次，是要为生产活动提供科学的数据和信息，参与组织和管理企业的生产流程过程，并提供动态的数据信息。计量的最终产品是数据信息。如果在施工企业，计量不能提供施工生产活动各个环节的各种正确的数据信息，那么施工企业工程的质量就会失去重要的技术支持。

2. 法制监督作用

国家赋予计量部门最大的权力是监督权，计量部门是代表国家行使计量监督权的职能部门。对施工企业来说，就是要依据《计量法》的规定，接受上级计量标准直至国家的计量基准的量值传递，建立健全企业的技术标准和计量管理制度，按照技术标准，进行监督、调控，并参与企业的施工生产管理。对企业内的检测设备，依法进行检定、测试和较准，对发生的计量纠纷进行仲裁，以保证提供的数据真实、准确。为企业施工生产传递反馈各种正确的数据和信息，起着重要的监督调控作用。

四、计量管理对工程质量的影响

工程质量是指工程所具有的某种用途或效用，能满足社会需要所具备的性能与特性。施工企业施工的工程质量是否达到质量标准，只有通过计量检测后才能最后判定，因此计量管理的好坏将对工程质量产生重要的影响。

1. 计量管理

主要是赋予计量技术、测试手段、计量法制的管理它们之间的关系。计量管理围绕着施工企业所施工的工程。首先，是要对工程的技术指标进行依法溯源。要按照国家规定的量制、量值和技术规范来制定企业工程技术标准，并分解出工

程的技术指标和施工生产中允许的误差范围。这是计量管理对施工企业工程质量法制管理的主要内容。其次，是要建立健全施工企业的计量标准仪器，对外接受法定计量技术机构的量值传递、校准、比对等；对内在开展对测量器具的检定同时，要不间断地对施工工程进行抽查。再就是，要完善施工企业的测试手段、测试流程、检测设备，使工程在施工生产中受到全过程、全工序、全工艺的检测，以保证工程质量。

2. 计量管理是确保产品质量的重要因素

施工企业管理作为一个系统，是由各种管理工作组成的统一体。如计划、施工生产、劳动、财务、计量管理等构成了施工企业管理的主要内容，所有这些都离不开计量分析、计量测试、技术评估等。计量管理的好坏，直接影响到工程质量。一个施工企业的施工生产活动，可以把它分成三部分活动组成；即人流、物流、信息流。人流是管理的主体，物流是管理的客体。在整个管理中，信息流是贯穿在施工生产的每道工序、每个部门、每个环节之中。而在信息流中，计量信息占 75%以上，这些信息为施工生产的各环节提供可靠的数据。管理人员就是根据这些数据，调整物流和人流。以陶瓷生产为例，陶瓷生产过程的每个环节都离不开计量。由此可见，及时、可靠、准确、关键点的数据测试在监控生产中起着十分重要的作用，是确保工程质量的重要因素。

3. 确保工程质量，要加强计量测试管理

施工企业的任务是要施工生产出合格的建筑安装工程。施工生产出高质量的建筑安装工程，需要具备许多条件，其中很重要的一项，就是必须要有先进的计量测试技术手段。没有科学的计量测试技术手段，就很难保证工程的优质。

总之，在施工企业内部，要促进工程质量的提高，必须在抓好其他管理工作的同时，重视加强计量管理的力度，从抓施工企业的计量管理制度入手，加强施工企业的计量测试、计量标准、法定量传等管理工作，并在落实上下工夫，那么，施工企业的工程质量工作就一定能再上一个新的台阶。

五、现行计量法律、法规的主要内容构成

1. 计量法制体系

计量法制体系如图 6–1 所示。

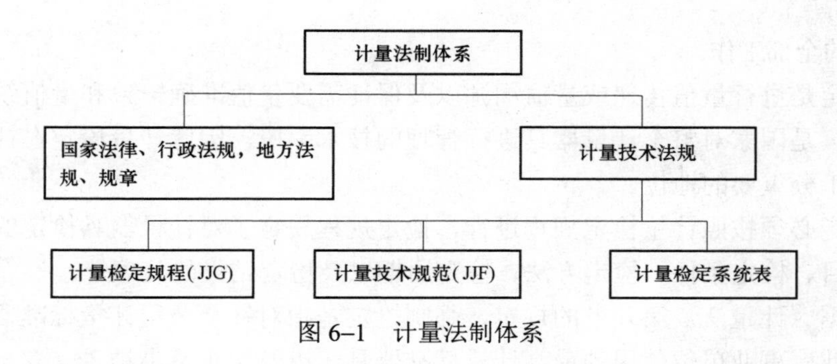

图 6–1　计量法制体系

2. 法规文件主要内容

计量法规文件包括法律、法规和规章三个层次，见表 6–1。

表 6–1　　法规文件主要内容

法规文件层次	法规文件名称
第一层次：法律	《中华人民共和国计量法》
第二层次：法规	（1）《计量法实施细则》 （2）《中华人民共和国进口计量器具监督管理办法》 （3）《国务院关于在我国统一实行法制计量单位的命令》 （4）《中华人民共和国强制检定的工作计量器具检定管理办法》
第三层次：规章	（1）《计量法条文解释》 （2）《法定计量检定机构考核规范》（JJF1069—2000） （3）《法定计量检定机构监督管理办法》 （4）《计量违法行为处罚细则》 （5）《制造、修理计量器具许可证监督管理办法》 （6）《计量器具新产品管理办法》 （7）质检总局关于取消计量检定员资格许可事项的公告 （8）《商品量计量违法行为处罚规定》 （9）《计量基准管理办法》 （10）《计量标准考核办法》 （11）《标准物质管理办法》 （12）《计量监督员管理办法》 （13）《计量授权管理办法》 （14）《仲裁检定和计量调解办法》等

第二节　计量检定与校准

一、计量检定

计量检定是指为评定计量器具（也称测量设备）的计量特性，确定其是否合格所进行的全部工作。

检定是进行量值传递或量值溯源以及保证需要量值准确一致和量值统一的重要措施，是国家对整个计量器具进行管理的技术手段，因此计量检定在计量工作中具有十分重要的地位。

检定必须按照计量检定规程进行，检定规程规定了对计量器具检定的要求、检定项目、检定条件、检定方法、检定周期以及检定结果的处理等。

根据《计量法》第九条的规定，强制检定是指对社会公用计量标准器具，部门和企业、事业单位使用的最高计量标准器具，以及用于贸易结算、安全防护、医疗卫生、环境监测四个方面的列入强制检定目录的工作计量器具（也称测量设备)，由县级以上政府计量行政部门指定的法定计量检定机构或者授权的计量技术机构，实行定点、定期的检定。强制检定的强制性表现在以下三个方面：

（1）检定由政府计量行政部门强制执行。

（2）检定关系固定，定点定期送检。

（3）检定必须按检定规程实施。

实施强制检定的计量器具范围包括两部分，一是计量标准，即社会公用计量标准、部门和企事业单位使用的最高计量标准；二是工作计量器具，即直接用于贸易结算、安全防护、医疗卫生、环境监测方面的列入《中华人民共和国强制检定的工作计量器具目录》的工作计量器具。

1987 年 4 月 5 日国务院发布了《中华人民共和国强制检定的工作计量器具检定管理办法》，同时公布了中华人民共和国强制检定的工作计量器具目录；1999 年国家质量技术监督局质技监局〔1999〕15 号文件，2001 年国家质量监督检验检疫总局国质检量〔2001〕162 号文件又对强制检定的工作计量器具目录进行了调整，调整后下列工作计量器具，凡用于贸易结算、安全防护、医疗卫生、环境监测的，实行强制检定，到目前为止共 60 种，目录如下：

1. 尺
2. 面积计
3. 玻璃液体温度计
4. 体温计
5. 石油闪点温度计
6. 谷物水分测定仪
7. 热量计
8. 砝码

9. 天平
10. 秤
11. 定量包装机
12. 轨道衡
13. 容重器
14. 计量罐、计量罐车
15. 燃油加油机
16. 液体量提
17. 食用油售油器
18. 酒精计
19. 密度计
20. 糖量计
21. 乳汁计
22. 煤气表
23. 水表
24. 流量计
25. 压力表
26. 血压计
27. 眼压计
28. 出租汽车里程计价表
29. 测速仪
30. 测振仪
31. 电度表
32. 测量互感器
33. 绝缘电阻、接地电阻测量仪
34. 场强计
35. 心、脑电图仪
36. 照射量计（含医用辐射源）
37. 电离辐射防护仪
38. 活度计
39. 激光能量、功率计（含医用激光源）
40. 超声功率计（含医用超声源）

41. 声级计
42. 听力计
43. 有害气体分析仪
44. 酸度计
45. 瓦斯计
46. 测汞仪
47. 火焰光度计
48. 分光光度计
49. 比色计
50. 烟尘、粉尘测量仪
51. 水质污染监测仪
52. 呼出气体酒精含量探测器
53. 血球计数器
54. 屈光度计
55. 电话计时计量装置
56. 棉花水分测量仪
57. 验光仪，验光镜片组
58. 微波辐射与泄漏测量仪
59. 燃气加气机
60. 热能表

非强制检定是法制检定中相对于强制检定的另一种形式，是由使用单位自己对除了强制检定计量器具以外的其他计量标准和工作计量器具依法进行的定期检定，如果本单位不能检定，应按以下原则进行管理：

（1）检定周期，由企业根据计量器具的实际使用情况，本着科学、经济和量值的准确的原则自行确定。

（2）检定方式由企业自行决定，任何单位不得干涉。

二、计量校准

《法制计量学通用基本名词术语》将“校准”定义为“在规定的条件下，为确定测量仪器或测量装置所指示的量值，与对应的由标准所复现的量值之间关系的一组操作”。其特点是：

（1）校准结果既可给出被测量的示值，又可确定示值的修正值。

（2）校准也可确定其他计量特性，如影响量的作用。

（3）校准结果可以记录在校准证书或校准报告中。

（4）有时用校准因数或校准曲线形式的一系列校准因数来表示校正结果。

校准范围主要指《中华人民共和国依法管理的计量器具目录》中规定非强制检定的计量器具。校准依据应当优先选择国家校准规范，没有国家校准规范可根据计量检定规程或相关产品标准，使用说明书等技术文件编制校准技术条件，再经技术机构技术负责人批准后，方可使用。

校准只给出与其示值偏离数据或曲线，但不必判定仪器合格与否。校准也应有校准周期。校准的结论不具备法律效力，给出的《校准证书》只是标明量值误差，属于一种技术文件，是企业自愿溯源的行为。强制性检定范围以外的计量器具属于计量校准范围，企业可以采用自主管理的办法。使用者应当自行或者委托其他有资格向社会提供计量校准服务的计量技术机构进行计量校准，保证其量值的溯源性，校准是实现量值统一和准确可靠的重要途径。

新购置的测量设备，如有随机的出自有资质部门的检定/校准证书且在有效期内的可予免检；若没有，则必须按首次检定/校准要求进行。出厂合格证只是证明该仪器出厂时厂家检测符合要求，但不具有公正的作用。

对企业开展计量校准和检测的服务单位可以是具有按照《检测和校准实验室能力的通用要求》（GB/T 27025—2008）《检测和校准实验室能力认可准则》（CNAS–CL01：2006）的要求通过中国合格评定国家认可委员会认证的单位。

企业对测量设备应进行分类管理，通常做如下分类：

第一类（习惯上称为 A 类）：

（1）国家规定实施强制检定的测量设备，即“企业的最高计量标准器具和用于贸易结算、医疗卫生、安全防护和环境监测等列入强制检定目录的工作计量器具”。这类测量设备应按国家法律法规规定实施强制检定。

（2）企业用于工艺控制、质量检测、能源及经营管理，对于计量数据要求高的关键测量设备。

（3）准确度高和使用频繁而量值可靠性差的测量设备。

（2）和（3）属于非强检的测量设备，由企业制定检定周期，实行定期检定，一般按照检定证书规定的检定周期进行定期检定。对 A 类测量设备（即通常所说的计量器具）应进行重点管理。强检的测量设备一定是 A 类测量设备，但 A 类测量设备不一定是强检的测量设备。

第二类（习惯上称为 B 类）：企业生产工艺控制、质量检测有数据要求的测量设备；用于企业内部核算的能源、物资管理用测量设备；固定安装在生产线或装置上，测量数据要求较高、但平时不允许拆装、实际校准周期必须和设备检修同步的测量设备；对测量数据可靠有一定要求，但测量设备寿命较长，可靠性较高的测量设备；测量性能稳定，示值不易改变而使用不频繁的测量设备；专用测量设备、限定使用范围的测量设备以及固定指示点使用的测量设备。这类测量设备可由企业根据其用途、频次、使用的环境条件、规程的规定等，确定校准间隔并实施校准和确认。没有计量检定规程的，或企业自制的专用计量器具，应由企业制定校准方法进行校准。对B类测量设备可进行一般性管理。

第三类（习惯上称为C类）：企业生产工艺过程、质量检验、经营管理、能源管理中以及设备上安装的不易拆卸而又无严格准确度要求指示用测量设备（如电焊机上电流表等），测量设备性能很稳定，可靠性高而使用又不频繁的、量值不易改变的测量设备，国家计量行政部门明令允许一次性使用或实行有效期管理的测量设备（有效期管理如三年）。这类测量设备可由企业实施一次性确认，而无需实施后续的检定和校准，损坏后更换。对C类测量设备可对其进行简要的管理。

三、计量检定与校准的区别

根据检定与校准定义，可以看出校准和检定有本质区别。两者不能混淆，更不能等同。计量检定与校准有以下区别。

1. 目的不同

校准的目的是对照计量标准，评定测量装置的示值误差，确保量值准确，属于自下而上量值溯源的一组操作。这种示值误差的评定应根据组织的校准规程作出相应规定，按校准周期进行，并做好校准记录及校准标识。校准除评定测量装置的示值误差和确定有关计量特性外，校准结果也可以表示为修正值或校准因子，具体指导测量过程的操作。检定的目的则是对测量装置进行强制性全面评定。这种全面评定属于量值统一的范畴，是自上而下的量值传递过程。检定应评定计量器具是否符合规定要求。这种规定要求就是测量装置检定规程规定的误差范围。通过检定，评定测量装置的误差范围是否在规定的误差范围之内。

2. 对象不同

校准的对象是属于强制性检定之外的测量装置。我国非强制性检定的测量装置，主要指在生产和服务提供过程中大量使用的计量器具，包括进货检验、过程检验和最终产品检验所使用的计量器具等。

检定的对象是我国计量法明确规定的强制检定的测量装置。《中华人民共和国计量法》第九条明确规定："县级以上人民政府计量行政部门对社会公用计量标准器具，部门和企业、事业单位使用的最高计量标准器具，以及用于贸易结算、安全防护、医疗卫生、环境监测方面的列入强检目录的工作计量器具，实行强制检定。未按规定申请检定或者检定不合格的，不得使用。"因此，检定的对象主要是以下三大类的计量器具。

（1）计量基准（包括国际计量基准和国家计量基准）。

ISO 10012—1《计量检测设备的质量保证要求》作出的定义是：

国际计量基准："经国际协议承认，在国际上作为对有关量的所有其他计量基准定值依据的计量基准。"

国家计量基准："经国家官方决定承认，在国内作为对有关量的所有其他计量标准定值依据的计量基准。"

（2）计量标准。ISO 10012—1 标准将计量标准定义为："用以定义、实现、保持或复现单位或一个或多个已知量值，并通过比较将它们传递到其他计量器具的实物量具、计量仪器、标准物质或系统（例：a. 1kg 质量标准中；b. 标准量块；c. 100Ω 标准电阻；d. 韦斯顿标准电池）。"

（3）我国计量法和中华人民共和国强制检定的工作计量器具明细目录规定，"凡用于贸易结算、安全防护、医疗卫生、环境监测的，均实行强制检定。"在这个明细目录中，已明确规定 60 种计量器具列入强制检定范围。

值得注意的是，这个《明细目录》第二款明确强调，"本目录内项目，凡用于贸易结算、安全防护、医疗卫生、环境监测的，均实行强制检定。"这就是要求列入 60 种强检目录中的计量器具，只有用于贸易结算等四类领域的计量器具，属于强制检定的范围。对于虽列入 60 种计量器具目录，但实际使用不是用于贸易结算等四类领域的计量器具，可不属于强制检定的范围。

以上三大类之外的测量装置则属于非强制检定，即为校准的范围。

3. 性质不同

校准不具有强制性，属于组织自愿的溯源行为。这是一种技术活动，可根据组织的实际需要，评定计量器具的示值误差，为计量器具或标准物质定值的过程。组织可以根据实际需要规定校准规范或校准方法。自行规定校准周期、校准标识和记录等。

检定属于强制性的执法行为，属法制计量管理的范畴。其中的检定规程协定周期等全部按法定要求进行。

4. 依据不同

校准的主要依据是组织根据实际需要自行制定的《校准规范》，或参照《检定规程》的要求。在《校准规范》中，组织自行规定校准程序、方法、校准周期、校准记录及标识等方面的要求。因此，《校准规范》属于组织实施校准的指导性文件。

检定的主要依据是《计量检定规程》，这是计量设备检定必须遵守的法定技术文件。其中，通常对测量设备的检定周期、计量特性、检定项目、检定条件、检定方法及检定结果等作出规定。计量检定规程可以分为国家计量检定规程、部门计量检定规程和地方计量检定规程三种。这些规程属于计量法规性文件，组织无权制定，必须由经批准的授权计量部门制定。

5. 方式不同

校准的方式可以采用组织自校、外校，或自校加外校相结合的方式进行。组织在具备条件的情况下，可以采用自校方式对计量器具进行校准，从而节省较大费用。但就校准工作而言，对外开展校准工作的实验室应具有国家校准实验室认可证书，标准装置要经过计量主管部门考核合格，校准人员要经过计量主管部门考核合格，持证上岗；属于企业对内部使用的计量器具进行校准，不需要资质认定，其校准人员也不需要必须到“地方计量检验机构”考核认证，组织进行自行校准必须编制校准规范或程序，规定校准周期，具备必要的校准环境和具备一定素质的计量人员，至少具备高出一个等级的标准计量器具，从而使校准的误差尽可能缩小。

检定必须到有资格的计量部门或法定授权的单位进行。根据我国现状，多数生产和服务组织都不具备检定资格，只有少数大型组织或专业计量检定部门才具备这种资格。

6. 周期不同

校准周期由组织根据使用计量器具的需要自行确定。可以进行定期校准，也可以不定期校准，或在使用前校准。校准周期的确定原则应是在尽可能减少测量设备在使用中的风险的同时，维持最小的校准费用。可以根据计量器具使用的频次或风险程度确定校准的周期。

检定的周期必须按《检定规程》的规定进行，组织不能自行确定。检定周期属于强制性约束的内容。

7. 内容不同

校准的内容和项目，只是评定测量设备的示值误差，以确保量值准确。

检定的内容则是对测量设备的全面评定，要求更全面，除了包括校准的全部内容之外，还需要检定有关项目。

例如，某种计量器具的检定内容应包括计量器具的技术条件、检定条件、检定项目和检定方法、检定周期及检定结果的处置等内容。

校准的内容可由组织根据需要自行确定。因此，根据实际情况，检定可以取代校准，而校准不能取代检定。

8. 结论不同

校准的结论只是评定测量设备的量值误差，确保量值准确，不要求给出合格或不合格的判定。校准的结果可以给出《校准证书》或《校准报告》。

检定则必须依据《检定规程》规定的量值误差范围，给出测量装置合格与不合格的判定。超出《检定规程》规定的量值误差范围为不合格，在规定的量值误差范围之内则为合格。检定的结果是给出《检定合格证书》。

9. 法律效力不同

校准的结论不具备法律效力，给出的《校准证书》只是标明量值误差，属于一种技术文件。

检定的结论具有法律效力，可作为计量器具检定的法定依据，《检定合格证书》属于具有法律效力的技术文件。

第三节　测量不确定度分析评定与计量要求导出报告的编制

一、计量要求

为保证测量结果的有效性而必须满足的对测量设备和测量过程计量方面的要求。

所以计量要求包括测量设备的计量要求和测量过程的计量要求。测量设备的计量要求包括：最大允许误差、示值误差、稳定性、量程等与测量设备的计量特性有关的参数。测量过程的计量要求包括：最大允许误差、不确定度、环境条件、操作人员技能等。

在同一测量过程中，测量设备的计量要求包含于测量过程的计量要求中，测量设备的计量要求小于测量过程的计量要求。

二、测量不确定度

表征合理地赋予被测量值的分散性，与测量结果相联系的参数。

测量不确定度来源于人、机、料、法、环、源、抽、样八个方面。一般测量过程或测量过程的计量要求用不确定度表示，测量设备的计量要求用最大允许误差表示。

要计算测量不确定度必须先了解直接测量和间接测量。

直接测量法是指不必测量与被测量有函数关系的其他量，而能直接得到被测量值的测量方法。

间接测量法是指通过测量与被测量有函数关系的其他量，而得到被测量值的测量方法。有些量不能通过直接测量来得到测量结果，而必须先逐个测量与该量有关的量，然后再根据该量的定义公式计算出测量结果。实际上直接测量法就是间接测量法的特例。

在测量过程中导致不确定度的根源主要有：

（1）被测量定义复现不理想。

（2）测量标准或标准物质的值不准确。

（3）模拟式仪表读数时有人为偏差。

（4）被测量的定义不完善。

（5）测量样本不能代表定义的被测量。

（6）仪器的分辨率或鉴别力阈有限。

（7）没有充分了解环境条件对测量过程的影响，或环境条件测量不完善。

（8）测量方法和测量过程中引入的近似值及假设。

（9）在同一条件下被测量重复测量值中的变化。

（10）根据外部来源得出并在数据简化计算中使用常数及其他参数不准确。

测量不确定度的分类可以简示为：

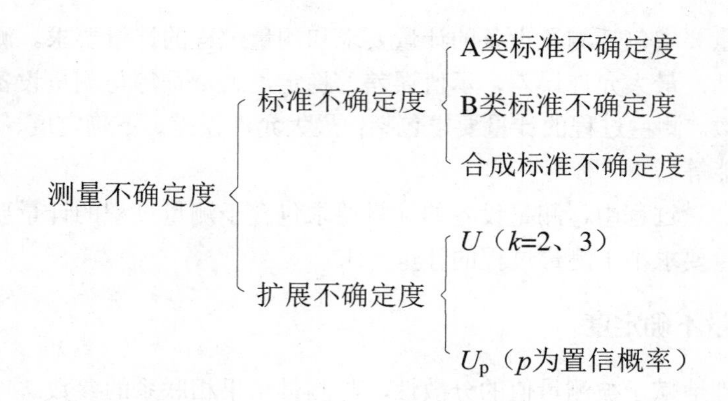

1. A 类标准不确定度的计算

对于一般随机变量 X_{i} 而言，已得到在相同条件下独立测量值：

$$X_{\mathrm{i}1}、X_{\mathrm{i}2}、X_{\mathrm{i}3}、\cdots、X_{\mathrm{i}n}$$

其标准不确定度可用贝赛尔公式计算，即：

$$u_{\mathrm{A}}=(X_{\mathrm{i}})=s(X_{\mathrm{i}})=\sqrt{\frac{\sum_{k=1}^{n}(X_{\mathrm{i}k}-\bar{X}_{\mathrm{i}})^{2}}{n-1}}$$

式中　$s(X_{\mathrm{i}})$——随机变量 X_{i} 的标准偏差；

$X_{\mathrm{i}k}$——X_{i} 的随机测量值；

$\bar{X}_{\mathrm{i}}$——X_{i} 的一列随机测量值平均值，$X_{\mathrm{i}}=\sqrt{\frac{\sum_{k=1}^{n}X_{\mathrm{i}k}}{n}}$

2. B 类标准不确定度的计算

在测量工作中，有时不能进行重复观测并作统计分析，这时就不能用 A 类评定法求得不确定度，只能用 B 类方法来评定。B 类测量不确定度的计量公式为 $u_{\mathrm{B}}=a/k$，其中 a 为置信区间（从文献得到）；k 为包含因子（经验总结）。

a 值一般是以前测量的数据；经验和一般知识；技术说明书；校准证书；检定证书；检测报告；手册参考资料。

如买原料制造商出示的合格证书中给出的值乙醇纯度为：(99.9±0.1)%，±0.1 就是置信区间。

包含因子的选择：

包含因子的取值随置信概率不同而不同。置信概率一般为 68.3%、95%、99% 三种。当置信概率为 68.3%时，包含因子为 1；当置信概率为 95%时，包含因子为 2；当置信概率为 99%时，包含因子为 3。

目前国际上通用的置信概率为 95%，因此扩展不确定度中的包含因子 k 一般取 2。

3. 合成标准不确定度的计算

不确定度一般不止一个来源。对于每个来源产生的不确定度，可能是 A 类，也可能是 B 类或者两者都有。一般原则是：两类不确定度的平方相加求和，再开方就得到合成不确定度：

$$u_{\mathrm{c}}=\sqrt{(u_{\mathrm{A}})^{2}+(u_{\mathrm{B}})^{2}}$$

4. 扩展不确定度

扩展不确定度是确定测量结果区间的量，合理赋予被测量之值分布的大部分可望含于此区间。它有时也被称为范围不确定度。扩展不确定度是由合成标准不确定度的倍数表示的测量不确定度。通常用符号 U 表示：合成不确定度 u_c（y）与 k 的乘积，称为总不确定度［符号为 $U=ku_c$（y）］。这里 k 值一般为 2，有时为 3。取决于被测量的重要性、效益和风险。扩展不确定度是测量结果的取值区间的半宽度，可期望该区间包含了被测量之值分布的大部分。而测量结果的取值区间在被测量值概率分布中所包含的百分数，被称为该区间的置信概率、置信水准或置信水平，用 p 表示。当 $k=2$ 时，$p=95\%$；当 $k=3$ 时，$p=99\%$。

［例 1］某电厂扩建工程 8 号锅炉第三层钢架立柱 G_5～G_7 间距离测量不确定度分析与计算。在某电厂上大压小扩建工程 8 号锅炉第三层钢架立柱距离测量过程中，某次测量中，测得 8 号锅炉第三层钢架立柱 G_5～G_7 间的距离，其设计值为 10.5m。下面以此次测量为例计算其不确定度。

（1）A 类评定。

在某次测量过程中，在相同的条件下对距离 s 进行 5 次重复独立的观测。得到观测数据见表 6–2：

表 6–2　　钢架立柱距离测量

s（m）	10.500 5	10.500 7	10.500 0	10.500 4	10.500 3

根据以上数据，先求平均值：由 $\overline{x}=\frac{1}{n}\sum_{i=1}^{n}xi$ 得，$\overline{s}=10.500\,38\text{m}$。

进而求出观测值的实验标准差，$s^2(x)=\frac{1}{n-1}\sum_{i=1}^{n}(x_i-\overline{x})^2$，$s=\sqrt{s^2}$ 得：

$$s=0.000\,26\text{m}$$

再求出标准不确定度，由 $u=s/\sqrt{n}$ 得：

$$u_1=0.12\text{mm}$$

即为 A 类评定的标准不确定度。

（2）B 类评定。

现在分析不确定度的可能来源：

1）检定不确定度。

钢卷尺已检定过，虽然它没有修正必要，但根据检定证书，钢卷尺检定装置

的不确定度为 $U \leqslant (0.03+0.03L)$ mm，$k=2$，所以可以认为校准不确定度是 $u=(0.03+0.03\times30.0)$ mm$=0.93$mm，$k=2$，故检定标准不确定度为 $u_2=0.465$mm。

2）分辨力。

钢卷尺的分辨力为1mm，靠近分度线的读数给出的误差不大于±0.5mm。可以取其为均匀分布的不确定度（真值读数可能处在 1mm 间隔内的任何地方，即±0.5mm）。为求的标准不确定度，将半宽（0.5mm）除以根号 3，得到近似值 $u_3=0.29$mm。

3）钢卷尺处于伸直状态。

假定尺子不可避免的有一点点倾斜。所以测量很可能偏离估计读数。假定偏差估计约为 0.001%。这就是说，应该用加上 0.001%来修正测量结果。由于缺少更合适的信息，就假设不确定度是均匀分布。用不确定的半宽除以根号 3，得出标准不确定度 $u_4=0.13$mm。

4）钢卷尺伸直状态的影响

由于每次测量钢卷尺伸直状态不会总是一致的，因此测量很可能偏离估计读数。假定偏差估计约为0.001%。这就是说，应该用加上0.001%来修正测量结果。由于缺少更合适的信息，就假设不确定度是均匀分布。用不确定的半宽除以根号 3，得出标准不确定度 u_5=0.13mm。

（3）根据所有各个方面情况求合成标准不确定度。

按本例情况，输入量都不相关，求测量结果所用的唯一计算是加修正值，所以能以最简单的方式采用平方和法，标准不确定度被合成如下：

$$u=\sqrt{u_1^2+u_2^2+u_3^2+u_4^2+u_5^2}=0.59\text{（mm）}$$

（4）用包含因子，与不确定度范围的大小一起，表述不确定度，并说明置信概率。对包含因子 $k=2$，就用 2 乘以合成标准不确定度，则给出扩展不确定度为 1.2mm，这赋予的置信概率约为 95%。

（5）记下测量结果和不确定度，记述如下：距离为 $10.5\text{m}\pm1.18\times10^{-3}\text{m}$。报告的扩展不确定度是根据标准不确定度乘以包含因子 $k=2$ 得出的，提供的置信概率约为 95%。

［例 2］弹簧管式精密压力表标准装置（0～40）MPa 检定或校准结果的测量不确定度评定

（1）概述：

1）测量依据：《弹簧管一般压力表、压力真空表和真空表检定规程》（JJG 52—

1999）。

2）测量环境：温度（20±5）℃，温度波动每 10min 变化不大于 1℃，相对湿度不大于 45%～75%。

3）测量标准：弹簧管式精密压力表，准确度等级为 0.25 级，测量上限（0～25）MPa，出厂编号为 9411203，证书号 YL10070798。

4）被测对象：弹簧管式压力表。测量范围为 0～16MPa；准确度级别为 1.6 级。

5）测量过程：将标准弹簧管式压力表的输入端与测量标准的输出端相连，打开压力截止阀，然后缓缓打开增值阀，（此时减值阀应关闭）即可开始检表。

6）评定结果的使用：在符合上述条件下的测量，一般可直接使用本不确定度的评定结果。

（2）数学模型。弹簧管压力表测量的数学模型为：

$$\Delta p = p_d - p_S$$

式中 Δp——被检弹簧管压力表的误差；

p_d——被检弹簧管压力表的示值；

p_S——标准器示值。

（3）输入量的标准不确定度评定。

输入量 p 的标准不确定度 $u(p)$ 的评定：

输入量 p 的标准不确定度来源有标准弹簧管式精密压力表的测量不确定度 $u(p_1)$，被检弹簧管式精密压力表的测量不重复性 $u(p_2)$ 和最小分度导致的标准不确定度 $u(p_3)$。

1）YB–150 弹簧管式精密压力表测量不确定度 $u(p_1)$ 的评定。$u(p_1)$ 的主要来源是 YB–150 弹簧管式精密压力表最大允许示值误差，因此应采用 B 类方法进行评定。

标准弹簧管式精密压力表的最大允许示值误差为±0.25%，被检弹簧管式压力表的最大量程为 16MPa，所以半宽度 $a = 16\text{MPa} \times 0.25\% = 0.04$（MPa）。在区间内可认为服从均匀分布，$k = \sqrt{3}$，所以

$$u(p_1) = \frac{a}{k} = 0.023\ 095\text{（MPa）}$$

2）被检弹簧管压力表的测量不重复性 $u(p_2)$ 的评定。$u(p_2)$ 的主要来源是被检弹簧管压力表的测量不重复性，可以通过连续测量得到测量值，采用 A 类方法进行评定。

实际测量情况，在重复性条件下测量 2 次，以 2 次测量算术平均值为测量结果，则可得到

$$u(p_2)=\frac{s_p}{\sqrt{2}}=0.015\ 28\text{（MPa）}$$

3）最小分度导致的标准不确定度 $u(p_3)$。$u(p_3)$ 可以用 B 类方法进行评定。有仪表的最小分度 b 导致的示值误差区间宽度为 $a=b/2$；包含因子 $K=\sqrt{3}$。可靠性 90%，自由度为 50。因此，最小分度为 0.1MPa 的弹簧管式压力表的标准不确定度 $u(p_3)$ 为：

$$u(p_3)=0.05/\sqrt{3}=0.028\ 87\text{（MPa）}$$

4）弹簧管式精密真空表（压力表）的温度影响引起的标准不确定度 $u(p_4)$的评定。弹簧管式精密压力表的温度影响为 $\varDelta=\pm(\delta+K\varDelta_t)$，$\delta=0.25\%$，$K=0.04\%/℃$（不适用于恒弹性材料），当实验室温度偏离工作温度 $\varDelta_t=2℃$时，

$$\varDelta=\pm(\delta+K\varDelta_t)=\pm(0.25\%+0.04\%\times 2)=\pm 0.33\text{（\%）}$$

$$u(p_4)=\pm(25\text{MPa}\times 0.33\%)=\pm 0.0825\text{（MPa）}$$

（4）合成标准不确定度的评定。

1）灵敏系数。输入压力对弹簧管压力表误差的灵敏系数为：

$$c_1=\frac{\partial\Delta p}{\partial p}=1$$

2）标准不确定度汇总表见表 6–3。

表 6–3　　标准不确定度汇总表　　（MPa）

标准不确定度分量	不确定度来源	标准不确定度 $u(x_i)$（kPa）	c_i	$\lvert c_i\rvert\times u(x_i)$
$u(p_1)$	标准弹簧管式真空表	0.023 095	1	0.023 095
$u(p_2)$	测量重复性	0.015 28		0.015 28
$u(p_3)$	最小分度	0.028 87		0.028 87
$u(p_4)$	温度影响	0.082 5		0.082 5

3）合成标准不确定度的计算。因 X_i 彼此独立，所以合成标准不确定度 $u(p)$为：

$$u(p)=\sqrt{\sum_{k=1}^{4}cup_k^{\ 2}}=0.091\ 69\text{（MPa）}$$

（5）扩展不确定度的确定。压力表属工作计量器具，置信概率取 95%。按算得的有效自由度近似取整为 95，查 t 分布表得：

$$k_{95}=t_{95}(95)=1.98$$

于是扩展不确定度为：

$$U_{95}=1.98\times0.091\,69\text{MPa}\approx0.182\text{（MPa）}$$

（6）测量不确定度报告。弹簧管压力表误差的测量结果的扩展不确定度为：

$$U_{95}=0.182\text{（MPa）}\qquad v_{\text{eff}}=95\qquad(k=2)$$

其相对扩展不确定度为：

$$U_{95\text{rel}}=0.20/95=0.19\text{（\%）}$$

三、测量设备的配备

1. 测量设备的配备原则

测量设备的配备应满足下列条件：

（1）测量设备的最大允许误差（或测量不确定度）不大于测量设备的计量要求。

（2）测量过程的测量不确定度不大于测量过程的计量要求。

（3）测量设备的最大允许误差（或测量不确定度）不大于测量过程的计量要求的三分之一。

2. 测量设备的配备

测量设备的配备就是测量过程或测量设备的计量特性和其计量要求的比较。测量设备的计量特性可以通过校准得到，测量过程的不确定度可以通过分析测量过程得到。

3. 计量要求的导出

计量要求的导出依据《测量管理体系　测量过程和测量设备的要求》(ISO10012：2003)“应根据顾客、组织和法律法规的要求确定计量要求”。

导出步骤为：识别确定顾客、组织、法律法规的要求；将以上要求转化为测量要求；将测量要求转化为计量要求。

（1）顾客计量要求的导出。顾客不可能直接提出对计量的要求，需要从顾客的要求中导出。顾客的要求可以通过对产品的要求，从产品标准、技术规范、设备规范以及合同中找到。

（2）组织计量要求的导出。组织的计量要求往往是通过对企业生产控制、监视、物料交接、能源计量等需要提出来。如原材料、工艺过程参数、半成品的监视和测量。

（3）法律法规计量要求的导出。法律法规的计量要求是通过对企业生产安全、环境保护、贸易结算等需要提出来的。法律法规的要求包括与产品相关的法律法规、技术法规（如涉及健康、安全、环境保护或资源合理利用）、有关质量的综合法律法规（如产品质量法）和有关计量的法律法规等。

［例］某电厂扩建工程8号锅炉第三层钢架立柱G_5～G_7间距离测量过程计量要求导出报告。

（1）测量范围选择。根据DL/T 5210.2—2009《电力建设施工质量验收及评价规程》（第2部分：锅炉机组）和HDSD–SEPC–JWI–801–RevA《锅炉钢架安装作业指导书》，8号锅炉第三层钢架立柱G_5～G_7间距离的测量范围为0～10.5m，则8号锅炉第三层钢架立柱G_5～G_7间的距离为0～10.5m。

（2）最大允许误差。根据《电力建设施工质量验收及评价规程　第2部分：锅炉机组》（DL/T 5210.2—2009）和《锅炉钢架安装作业指导书》，公差为15mm。则最大允许误差为公差的1/3，即15mm/3＝5mm。

（3）测量不确定度。测量不确定度为最大允许误差的1/3，即5/3＝1.67mm＞1.18mm。

（4）测量设备的计量要求。测量范围：钢卷尺大于10.5m，分辨率为1mm。

准确度等级：二级。

选择测量范围：钢卷尺（100m），分辨率为1mm，准确度等级为二级的钢卷尺。

4. 测量设备配备实例分析

所举例子是生活中黄金称量过程所需电子天平的分析。

（1）识别顾客要求。现在顾客能接受的黄金称重结果的误差换算成人民币不超过1元。

（2）确定测量要求。目前黄金的价格约为200元/g，1元相当于0.005g，即5mg。

（3）测量过程的计量要求。要求测量过程不超过5mg的测量天平，一般日常生活用的称量不超过100g。

（4）测量设备的计量要求。根据测量设备的配备原则“测量设备的最大允许误差（或测量不确定度）不大于测量过程计量要求的三分之一”。

所选测量天平的误差不应超过2mg，量程为0～100g。

第四节　计　量　确　认

《测量管理体系测量过程和测量设备的要求》（IS010012：2003）在总要求中

明确提出"测量管理体系内所有的测量设备应经确认"。那么，作为企业应该如何理解、满足上述要求，达到测量设备都得到确认的目的呢？下面本着实施简单、管理有效的原则，谈谈不同要求的测量设备确认的实施方法。

一、对计量确认的总要求

（1）设计并实施计量确认的目的是确保测量设备的计量特性满足测量过程的计量要求。

（2）计量确认包括测量设备检定/校准过程和测量设备的验证。

（3）如果测量设备处于有效的检定/校准状态，则不必再检定/校准。

（4）测量设备的验证。验证的含义是通过提供客观证据对规定要求已得到满足的认定。

在这里验证是将测量设备的计量特性与测量过程的计量要求相比较。测量不确定度和测量设备误差是验证的重点。

测量设备的计量特性包括以下的全部或部分：

1）测量范围：在规定条件下，由具有一定的仪器不确定度的测量仪器或测量系统能够测量出的一组同类量的量值。

2）偏移：系统测量误差的估计值。仪器偏移：重复测量示值的平均值减去参考量值。

3）重复性：相同测量程序、相同操作者、相同测量系统、相同操作条件和相同地点，并在短时间内对同一相类似被测对象重复测量的一组相近示值的能力。

4）漂移：由于测量仪器计量特性的变化引起的示值在一段时间内连续或增量变化。

5）影响量：可能会影响测量结果的因素。

6）分辨力：引起相应示值产生可觉察到变化的被测量的最小变化，分辨力可能与噪声（内部或外部的）或摩擦有关，也可能与被测量的值有关。

7）测量误差：也称误差，测得的量值减去参考量值。测量误差不应与出现的错误或过失相混淆。

8）死区：当被测量值双向变化时，相应示值不产生可检测到的变化的最大区间。

9）鉴别力：引起相应示值不可检测到变化的被测量值的最大变化。

（5）因为在对测量设备进行计量特性评定是在一定要求的环境下进行，但测量设备的使用是在生产现场或试验现场，现场的环境条件与评定环境不同会对测量的结果产生影响，所以还要对测量设备的某些特性进行实地验证，充分估计各种影响测量结果的因素，避免测量设备不适用或测量误差加大。

二、计量确认间隔

（1）测量设备的可靠性是随着使用时间变化的，确定或改变计量确认间隔的目的是确保测量设备持续符合规定的计量要求。

（2）计量确认间隔应经过评审，必要时可进行调整。

三、计量确认标识

经过计量确认满足预期使用要求的测量设备，黏帖“合格”确认标识。

如果在某一测量段计量特性满足计量要求的测量设备，使用“限用”确认标识。不合格的黏帖“禁用”标识，进行维修，维修后的测量设备重新进行检定/校准、确认，再不合格的报废处理。

四、填写“计量确认”记录

测量设备的计量确认应由使用测量设备的相关人员进行计量验证，可以将计量要求、计量特性和计量验证的结论直接写在校准证书上，也可以单独设计验证记录，见表6–4。

表6–4　　测量设备确认记录表

设备名称	绝缘电阻表	生产厂家	杭州朝阳仪表厂	
设备型号	ZC25–3	出厂编号	799284	
使用部门	××××公司	存放地点	电控实验班	
校验机构名称	××市计量检定测试所	校验日期	2014年10月14日	
序号	校准参数	校准结果	标准要求或使用要求	确认情况
1	外观检查	符合要求	符合要求	满足使用要求
2	绝缘电阻测量	30MΩ	≥20MΩ	满足使用要求
3	基本误差检定	6%	≤±10%	满足使用要求
4	—	—	—	—
确认人：		日期：　　年　月　日		

第五节 测量设备管理

哪些测量设备需要纳入到测量管理体系中来是企业的权力，但必须根据风险和后果来决定。所以组织在决策时，首先要考虑组织要花费的资源和带来的风险。如果某些测量设备一旦失准不会影响组织的经济效益和社会效益，不会造成顾客投诉，不会带来风险，这些测量设备就不须纳入测量管理体系。相反就必须纳入到测量管理体系。从原则上讲只要是组织使用的测量设备就应纳入测量管理体系中，只是管理的严格程度不一样，否则测量设备的使用就没有意义，不如不用。企业内部生活区使用的测量设备、职工自用的测量设备、教学用的测量设备、不出具正式测量数据的测量设备是可以不纳入测量管理体系中的。

凡是纳入测量管理体系中的测量设备必须进行控制管理，首先编制测量设备管理程序，程序首先应规定纳入测量管理体系的测量设备的范围，其次从测量设备的供方选择、采购、接收、处置、搬运、贮存、发放、更换、报废作出规定；第三规定哪些测量设备在什么情况下需进行计量确认。

第七章　工程技术竣工资料与档案管理

第一节　竣工技术资料的编制

一、工程竣工技术档案资料的组织管理与分工

电力工程技术文件资料是工程竣工技术档案的原始材料，它的形成、积累、整理、汇总工作贯穿于工程施工全过程。因此，建设单位和施工单位应从工程准备工作就重视工程竣工技术档案资料的编制、整理等工作。

1. 工程竣工技术档案资料的管理

根据国家对档案资料的有关规定和项目的大小，设置工程技术档案的管理机构，一般在施工企业总部设立档案资料管理中心或档案室，负责对施工现场的工程技术档案资料的编制、整理等工作进行技术指导；在施工现场设置资料室具体负责工程竣工技术档案资料的编制、整理等工作。

2. 工程竣工技术档案资料的编制

（1）工程竣工技术档案资料的编制分工。工程竣工技术档案资料的编制、整理等工作可按以下方法进行：

1）工程实行总承包时，总承包单位与各分包单位签订分包合同时，应明确总、分包单位工程竣工技术档案资料的编制责任分工，即各分包单位负责编制承包范围内的工程竣工技术档案资料，总承包单位负责审查、整理、汇总，并向建设单位移交该工程的全部工程竣工技术档案资料。

2）建设单位将工程分包给几个施工单位施工的建设项目，各分包施工单位应负责编制各自承包工程范围内的工程竣工技术档案资料，由建设单位负责审查、整理、汇总、归档。

3）建设单位自行施工的工程项目，由建设单位按照国家有关工程竣工技术档案资料的要求，自行收集、整理、汇总、归档。

（2）工程竣工技术档案资料编制人员的责任。工程竣工技术档案资料在收集、

整理、汇总、归档的每个环节中，都应具备真实性、完整性、系统性。凡未按照国家有关工程竣工技术档案资料的要求移交工程技术档案资料的，负责该工程竣工技术档案资料编制的有关人员应承担主要责任，审核人员也应承担漏审的责任。

（3）编制工程竣工技术档案资料的技术要求。工程竣工技术档案资料的内容，应与工程施工过程的实际情况相符合，做到分类科学、记录准确、规格统一、文字符号清楚、图文整洁。

1）工程竣工技术档案资料的分类与立卷。工程竣工技术档案资料的分类与立卷一般应按照下列方法进行：火电建筑安装工程竣工技术档案资料应按照专业（如建筑、电气）组卷，每个专业一卷。每卷应按照单位工程的多少分册，基本上一个单位工程一册，也可以两个或以上的单位工程合订于一册，但各自要独立，不得混淆。设备或原材料的出厂质量合格证和检测技术文件，应分别编入有关专业的案卷中，不另立案卷。

2）规格与填写。为了提高工程竣工技术档案资料的使用价值和利用率，适应长期保管、重复查看和使用的目的，在编制时必须按照国家的规定要求，做到表式规格统一，文字符号清楚，图文整洁，数据准确、齐全，不得漏项。用纸规格和填写要求如下：

a. 用纸尺寸为A4型297mm×210mm（长×宽）。

b. 印制要求：用纸的天头宽（20±0.5）mm；地脚（7±0.5）mm；订口宽（20±0.5）mm；翻口宽（15±0.5）mm。

c. 文字填写及绘图，不得使用铅笔、圆珠笔、易褪色的墨水，也不得采用复写的文件资料归档。

d. 印制或自制工程竣工技术档案资料用表时，除应保证用纸幅面尺寸和纸幅面图文尺寸外，在装订时应防止产生装订后内文被覆盖或装订不牢等缺陷。

e. 工程竣工技术档案资料应按照有关规定采用统一的表式，在实际应用时可适当调整图文区尺寸和线格间距。

3）图示画法与加工符号的表示。火电建筑安装工程竣工技术档案资料中的图示画法及尺寸、加工符号的标注，应清晰规范，以保证工程竣工技术档案资料的质量。

4）抄件与复印件。为保证工程竣工技术档案资料的真实性和准确性，对于抄件与复印件，必须将出厂的厂家名称、公章及原经办人，产品的名称、规格、数量，原件编号，制造出厂的时间，规定的指标、性能等主要项目内容毫无遗漏地抄写、复印清楚，并应有抄写、复印人的签字，以便于追踪核查。

二、工程竣工技术档案资料的编制

1. 工程竣工技术档案资料编制内容

工程竣工技术档案资料的编制由工程建设管理单位负责，并在分包合同中与各参建单位明确职责分工。编制内容包括工程施工文件和竣工文件两部分。

施工文件包括工程土建施工、设备及管线安装、电气、仪表安装的开工报告；工程技术交底、图纸会审记录、施工组织设计、施工作业指导书或施工方案、施工计划、技术及安全措施、原材料及构件出厂证明、质量鉴定、建筑材料试验报告、设计变更、施工定位测量、地质勘查、土岩试验报告、地基处理、基础工程施工图、施工技术记录、隐蔽工程记录、强度试验报告及统计汇总表、工程记录及测试、沉降观测记录、位移观测记录、变形观测记录、事故处理报告、设备安装调试及测定数据、性能鉴定、安装质量检验评定记录与仪表操作连动试验记录、竣工验收证明、施工总结等。

竣工文件包括项目竣工验收报告，项目质量评审材料，质量监督检查结果评价文件，工程现场声像材料，光盘、软盘资料，竣工验收会议决议文件等。

2. 工程竣工技术档案资料的编制

火电建设工程的竣工技术档案资料，以专业为单位结合单位工程组卷，一般每个单位工程组成一个卷册，内容较多时，可根据单位工程内容的多少组成若干卷册。一般卷册的厚度不超过 50mm。

（1）火电建设工程的竣工技术档案资料一般可分为以下卷册：

第一卷　土建水工施工文件；第二卷　锅炉、输煤、除灰设备施工文件；第三卷　汽轮发电机组和供水设备施工文件；第四卷　电气设备安装施工文件；第五卷　热工仪表及控制装置安装施工文件；第六卷　焊接热处理及金属监督施工文件；第七卷　机组整套启动试运行、启动及竣工验收文件；第八卷管道施工文件；第九卷　水处理与制氢系统施工文件；第十卷　综合卷。该卷应包括：

质监中心站及质监站质量监督检查文件；

工程创优及机组达标投产文件；

其他。

（2）送变电建设工程的竣工技术档案资料一般可分为以下卷册：

变电工程包含第一卷　建筑工程；第二卷　电气设备安装；第四卷　整套调试试运与工程移交验收。送电工程应增加政策处理一卷。

3. 编制要求

（1）移交业主的竣工档案资料内容深度要求。

1）土建应包括：

a. 建、构筑物地基验槽和地基处理（包括打桩）记录。

b. 建、构筑物或大型设备主要轴线定位放线测量记录，沉降观察记录、变形、高程控制记录及水准点一览表；施工中补测的基础资料及主厂房各类位置标高图。

c. 原材料、构件及管子成品验收的证件与出厂试验报告。

d. 主体结构、重要部位试件和材料检查、试验记录（如混凝土试块、钢材抽样、管子的成品验收等）。

e. 土建、水工施工技术记录，质量评定记录。

f. 土建、水工隐蔽工程与中间检查验收签证。

g. 管道水压检验记录。

h. 预应力混凝土输水管管线垒底及基础工程验收记录、厚度检验记录。

i. 灰场、坝址和煤场的地形测量，工程地质、水文地质和水文气象资料。

j. 施工过程中的缺陷、质量问题处理、分析与结论性文件。

2）设备及管线安装应包括：

a. 设备安装技术记录和签证（包括汽轮机扣盖，发电机穿转子、变压器吊芯检查与电动机、变压器干燥记录）。

b. 热工和电气仪表、保护、自动、控制装置校验记录。

c. 电缆敷设记录（包括接头位置、路径）和原始安装记录。

d. 主、再热蒸汽和主给水管道支吊架弹簧安装高度的记录。

e. 注明蠕胀测点、监察管段、膨胀指示器、焊口及支架位置的主蒸汽、再热蒸汽及主给水管道系统的单线立体图。

f. 焊接、热处理检验记录和图表、探伤底片、检验报告、质量评定及总结。

g. 隐蔽工程中间验收记录与签证。

h. 合金钢零部件和紧固件的光谱分析及硬度试验记录。

i. 重要的施工材料（如焊接、保温、蓄电池材质、机油、变压器油等）性能证件，抽样化验记录和报告。

j. 分部试运的方案、措施、记录与报告（含接地电阻）和验收签证。

k. 施工质量事故、设备缺陷处理和修补记录与签证。

l. 分部试运前的各级质量检查、验收记录与签证。

3）设备记录应包括：

a. 设备图纸移交清册（电厂主管的不移交）。

b. 备品、备件、专用工具移交清单（电厂主管的不移交）。

4）整套启动及系统调试的档案资料，其内容应包括（调试所调试部分不包括在内）：

a. 概况。

b. 整套启动试运总结。

c. 启动委员会文件（含重要汇报、讲话）。

d. 机组启动验收交接书。

e. 整套试运分项质量验评表。

f. 建筑、安装质量总评。

g. 安全文明生产检查评定表。

h. 机组整套试运质量总评表。

5）质监中心站质量监督检查项目签证主要包括：

a. 主厂房质量监督检查。

b. 汽轮发电机基础质量监督检查。

c. 锅炉水压试验前质量监督检查。

d. 汽轮机扣盖前质量监督检查。

e. 厂用电受电前质量监督检查。

f. 整套启动试运前质量监督检查。

g. 整套启动试运后质量监督检查。

h. 试生产后质量监督检查。

6）质监站质量监督检查项目签证主要包括：

a. 锅炉基础质量监督检查。

b. 磨煤机基础质量监督检查。

c. 主厂房防水质量监督检查。

d. 集控室装修质量监督检查。

e. 锅炉汽包及连箱质量监督检查。

f. 锅炉钢架质量监督检查。

g. 锅炉制粉系统质量监督检查。

h. 锅炉电除尘负荷升压前质量监督检查。

i. 锅炉保温绝热质量监督检查。

j. 锅炉送引风机质量监督检查。

k. 锅炉回转式空气预热器质量监督检查。

l. 凝汽器管的胀管和焊接质量监督检查。

m. 炉前系统清洗质量监督检查。

n. 高、低压加热器及除氧器安全阀整定质量监督检查。

o. 主蒸汽管道、再热蒸汽热段管道、再热蒸汽冷段管道、主给水管道的安装焊接、检测、支吊架安装质量检查。

p. 调节保安系统的安装试验质量监督检查。

q. 给水泵组（电动、汽动）质量监督检查。

r. 发电机吊穿转子质量监督检查。

s. 油系统复装及油清洁度质量监督检查。

t. 300kW 及以上高压电动机安装质量监督检查。

u. 接地装置质量监督检查。

v. 动力电缆敷设质量监督检查。

w. 高压厂用变压器吊检查试验质量监督检查。

x. 主变压器器身检查安装试验质量监督检查。

y. 热控安装质量监督检查。

（2）移交施工单位的竣工档案资料内容深度要求与组卷要求：

1）作业文件交底应有签证，一份作业指导书文件（或施工措施、安全施工措施）至少有一份签证，另装订成册。

2）混凝土应有全过程控制跟踪记录，另装订成册。

3）钢筋应有全过程跟踪记录，另装订成册。

4）焊接应有全过程跟踪记录，另装订成册。

5）施工及试运期间应有设备消缺、修补与更换记录、设备消缺单的统计。

6）声像资料另组卷成册，应包括：

a. 工程照片应有领导视察照片。

b. 工程照片应有从开工典礼到工程竣工全过程照片（分专业整理），既要含专业照片，又要含外景照片及工程进度目标照片。

c. 照片应有底片及时间、地点、内容三要素说明。

d. 录像应有工程的关键进度录像，各专业关键项目录像，开工与启动试运录像，并要求工程完工后制作成专题录像带。

7）重要文件及会议纪要，按种类编目装订。

8）土建试验，按试验编号顺序另外装订成册。

9）金属试验，按试验编号顺序另外装订成册。

10）还应汇总下列资料内容，另外装订：

a. 本工程所有验收项目总数、项目清单明细，优良率、合格率计算。

b. 建筑主要实测项目总数、项目清单明细，平均合格率计算。

c. 混凝土强度一次合格率计算及汇总材料。

d. 受监焊口无损检验一次合格率计算及汇总材料。

e. 质量、环境、职业健康安全管理体系及审核材料汇总。

（3）移交业主单位工程竣工档案资料内容与顺序要求（同时移交施工单位总部）。

第一卷至第七卷的内容应包括九项：

第一项为工程概述，包括工程概要介绍、工程特点、主要工程量、劳动力组织、工期进度、施工方案、主要措施、技术交底、施工大事记等。

第二项为施工技术记录，按照《电力建设施工技术规范》的要求进行。

第三项为原材料试验报告，外购件、配件产品合格证。

第四项为工程质量验收表，按照《电力建设施工质量检验及评价规程》的规定执行。

第五项为缺陷及质量问题处理记录。

第六项为设计变更与材料代用签证。

第七项为工程重大问题的技术资料及处理文件。

第八项为单位工程竣工交接签证。

第九项为工程照片（可单独存放）。

送电工程需增加交叉区域政策处理协议等。

第八卷的内容应包括七项：

第一项为工程概述，包括工程概要介绍、焊接工程一览表、劳动力组织与工期进度、焊接工艺、措施、技术交底、施工大事记等。

第二项为焊接材料质量证明。

第三项为焊工考核登记。

第四项为焊接与热处理报告及质量验收表。

第五项为焊接技术记录。

第六项为工程竣工交接签证。

第七项为工程照片（可单独存放）。

第九卷的内容应包括五项：

第一项为工程概述，包括工程概要介绍、焊接工程一览表、劳动力组织与工期进度、无损检测与金属监督工艺、措施、技术交底、施工大事记等。

第二项为无损检测人员与理化人员考核登记。

第三项为无损检测设备与理化设备计量检定资料。

第四项为无损检测报告与理化试验报告。

第五项为本工程无损检测情况与理化试验情况统计表。

第十卷的内容应包括三项：

第一项为锅炉压力容器与压力管道检验情况综述。

第二项为安装监督检验报告。

第三项为安装单位锅炉压力容器检验站检验报告（或安装质量证明书）。

第十一卷的内容应包括四项：

第一项为锅炉机组整套启动试运。

第二项为汽轮发电机组（包括化学）整套启动试运。

第三项为电气装置、热工仪表与控制装置整套启动试运。

第四项为整套试运质量总评及工程交接验收。

三、竣工图的编制

竣工图是建筑安装工程竣工档案中最重要的部分；是工程建设完成后的主要凭证性材料；是电力工程真实的写照；是工程竣工验收的必备条件及工程维修、管理改造、扩建的依据。

1. 竣工图的内容

火电工程的竣工图必须以原设计图为主要依据，其主要内容应包括以下几个方面：

（1）工程总体布置图，平面位置图的轴线坐标，地形标高。

（2）在工程建设用地范围内的各种地下管线综合平面图。其中应有平面坐标、标高、走向、断面、管线衔接，以及复杂交叉处的剖面图（并应按地下管线测绘要求标定必要的栓点）。

（3）凡竣工图与原设计不同的部位必须注明设计变更依据（包括变更单编号）。

2. 竣工图的类型

竣工图一般分为三类：

（1）利用施工蓝图改绘的竣工图。

（2）在二底图上修改的竣工图。

（3）重新绘制的竣工图。

3. 竣工图的绘制与审核

竣工图标志应具有明显的“竣工图”字样章，设计院出竣工图时竣工图章样式如图 7–1 所示，施工单位出竣工图时，竣工图章样式如图 7–2 所示，它是竣工图的依据。

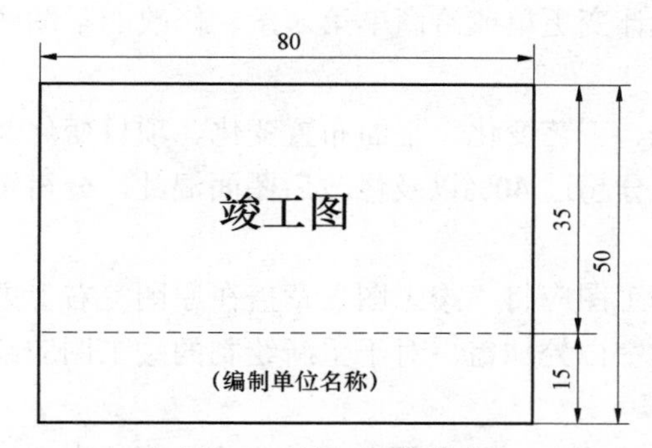

图 7–1　竣工图章样式

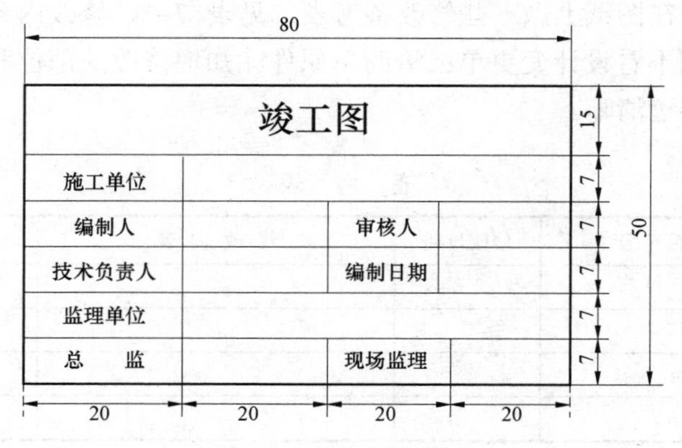

图 7–2　竣工图章样式

（1）凡在施工中无变化的新图，应在新的原施工图上加盖竣工图标志，同时在标题栏上方加盖竣工图章后，可以作为竣工图。

（2）在施工蓝图上改绘。

1）改绘的原则：

凡工程现状与施工图不符的内容，全部按照工程竣工现状准确地在蓝图上予以修正。即将工程图纸会检中提出的修改意见，工程洽商或设计变更上的修改内容都应如实地改绘在蓝图上。

2）改绘要求：

a. 设计变更单或洽商单记录的内容必须如实的反映到施工图上，如果在图上无法反映，则必须在图中的相关部分进行文字说明，注明有关设计变更单或洽商单的编号，并附该设计变更单或洽商单的复印件。

b. 无较大变更的将修改内容如实地改绘在蓝图上，修改部位用线条标明，并注明×年×月×日设计变更单或洽商单第×条。修改的附图或文字均不得超过原设计图的图框。

凡结构形式变化、工艺变化、平面布置变化、项目变化及其他重大变化，或在一张图纸上改动部分超过40%以及修改后图面混乱，分辨不清的个别图纸应重新绘制。

用蓝图改绘的竣工图应将“竣工图”章盖在原图签右上方，如果此处有内容时，可在原图签附近空白处加盖。对于重新绘制的竣工图应绘制竣工图签，图签位置应在图纸右下角。

（3）在二底图上修改。在二底图上及时修改变更的内容，应做到与工程施工同步进行。要求在图纸上做一些修改备考表，见表 7–1，修改内容应与变更的内容相对照，做到不看设计变更单或洽商单原件就知道修改的部位和基本内容。要求图面整洁、字迹清晰。

表 7–1　　　　　　　　　　备　考　表

设计变更单或洽商单编号	修改日期	修 改 内 容	修改人	备注

修改部位用语言描述不清楚时，可用细实线在图上画出修改范围。如果二底图修改次数较多，个别图面出现模糊不清等技术问题时，必须进行技术处理或重新进行绘制。

用二底图修改的竣工图，应将竣工图章盖在原图签右上方。没有改动的二底图转做竣工图也应加盖竣工图章。

原施工图的封面、图纸目录应加盖竣工图章，为竣工图归档，并放在各专业

图纸之前。但重新绘制的竣工图的封面、图纸目录，可以不绘制竣工图签。

编制竣工图必须采用不退色的黑色墨水绘制，文字材料不得用红色墨水、复写纸、一般圆珠笔和铅笔等。文字应采用仿宋字体，大小应协调，禁止错、别、草字。划线应使用绘图工具，不得徒手绘制。重新绘制的竣工图用纸张，应与原设计图纸的纸张颜色接近，不要反差太大。原设计图上的内容不许用刀刮或补贴，做到无污染、涂抹和覆盖。

竣工图图面应整洁，文字材料字迹应工整清楚、完整无缺，内容清晰。

（4）设计单位编制竣工图时，竣工图的编制按照《电力工程竣工图文件编制规定》（DL/T 5229—2005）中“竣工图编制要求”执行，施工、调试单位要予以配合，提供齐全的设计变更单和施工现场的实际情况，确保竣工图与工程实际相符。

（5）设备供应商的竣工图由设备供应商编制，编制要求应在供货合同中予以明确。

竣工图编制完成后，应对竣工图的内容是否与“设计变更”通知单、工程联系单和设计更改的有关文件，以及施工验收记录、调试记录等相符合进行审核。

竣工图的审核由竣工图编制单位负责，由设计人（修改人）编制完成后，经校核人校核和批准人审定后在图标上签署。

第二节 档案资料的保管

为了确保电力建设工程竣工技术档案资料的及时、完整、准确，应加强对工程竣工技术档案资料工作的宏观管理，充分发挥工程竣工技术档案资料在工程建设、生产、管理、维修和技术改造、改建、扩建中的作用。因此，从工程准备开始到工程竣工验收过程中所形成的技术资料，应提交建设单位、使用单位和本单位档案部门集中统一管理。施工单位、建设单位、检验机构、调试单位的技术负责人与技术人员应当认真学习、掌握工程竣工技术档案资料的编制方法和档案管理的有关规定。

一、工程竣工技术档案资料的整理

整理归档的工程竣工技术档案资料，必须正确地反映工程施工全过程和工程结果，不得擅自修改、伪造或事后补做。凡是文件资料达不到要求的技术标准和对某些资料的准确性有怀疑时，必须经设计单位技术负责人和施工单位技术负责人审核，并签署处理意见。处理后的结果要有技术负责人的签字认可，否则其工程不算完工，也不能验收和结算，档案资料不能归档。

档案的整理工作应按照《科学技术档案案卷构成的一般要求》（GB/T 11822—2008）、《火电企业档案分类规则》《火电建设项目文件收集及档案整理规范》（DL/T 241—2012）、《电网建设项目文件收集及档案整理规范》（DL/T 1363—2014）、《风力发电企业科技文件归档与整理规范》（DL/T 31021—2012）等的要求，遵循文件材料的形成规律，保持案卷内文件材料的有机联系，便于保管和利用。

工程竣工技术档案资料的编制应做到三同步和五统一。所谓三同步是指单位工程一开始，就与建立施工技术记录和竣工图同步进行；工程进行中就与施工技术记录和竣工图的积累、整编、审定工作同步进行；工程交工验收时，要与提交一套合格的施工技术记录和竣工图同步进行。所谓五统一，是指工程的计划管理、施工管理、施工图预算，工程结算和竣工图、施工技术记录编制移交统一进行。五统一是工程技术资料和工程管理的有机结合，是确保工程技术档案资料完整，提高管理水平的重要手段。

二、工程竣工技术档案资料的归档和保管

基本建设工程各参建单位应在工程移交试生产后一个半月内向建设单位提交完整、准确，并经施工单位有关技术负责人签字的工程技术档案资料，建设单位应对接收的工程技术档案资料进行审查、清点。

移交档案时，移交单位要编制移交清册和案卷目录，交接双方在清点无误后，在移交清册上盖章，负责人签字。移交清册一式两份，交接双方各存一份。移交清册封面及移交清册。

建设单位档案部门，对接收的全部档案要按照《电力工业企业档案分类规则》及《分类表》进行整理、分类、编目、保管。

第八章　管理体系及相关认证

第一节　质量管理体系及其认证

一、质量管理体系

质量管理体系是指为实施质量管理的组织结构、职责、程序、过程和资源。

质量管理体系的基本内容是：

（1）它是影响产品质量产生、形成和实施的诸要素的综合体。这些要素构成质量管理体系的基本单元。

（2）实施质量职能的组织结构，人员配备，明确界定其职责权限，规定完成各项任务的程序、物力、财力保障和活动方式。

1. 建立质量管理体系的目的

企业建立质量管理体系是为了对影响产品质量的技术、人、管理等因素进行控制，实现以下目标：

（1）满足规定的需要和用途。

（2）满足用户的期望。

（3）符合有关的标准和技术法规。

（4）符合社会有关安全、环境保护等方面的法令或法规的规定。

（5）产品质价相符，具有竞争力。

（6）能使企业获得良好的经济效益。

影响上述目标完成程度的内部因素是人、技术和管理。而建立质量管理体系正是为了控制这些因素。为了实现上述目标建立的质量管理体系要具有系统性、突出预防性，符合经济性和保持适用性。

2. 建立质量管理体系的原则

（1）根据产品结构确定相应的质量环。

（2）建立完善的体系结构，并使之有效运行。

（3）质量管理体系必须文件化。

（4）必须坚持质量管理体系审核。

（5）认真做好质量管理体系评审。

根据上述原则，质量管理体系应符合系统、有效、经济和适用四个方面的要求。

3. 质量管理体系要素

根据《质量管理体系—要求》（GB/T 19001—2016）的规定，施工企业的质量保证体系要素应包括以下内容：

（1）管理职责：管理承诺；以顾客为关注焦点；质量方针；策划；职责、权限和沟通；管理评审。

（2）资源管理：资源的提供；人力资源；基础设施；工作环境。

（3）产品实现：产品实现的策划；与顾客有关的过程；设计和开发；采购；生产和服务提供；监视和测量装置的控制。

（4）测量、分析和改进：总则；监视和测量；不合格品控制；数据分析；改进。

二、质量管理体系文件的编制

电力施工企业应根据《质量管理体系—要求》（GB/T 19001—2016）的规定，结合本单位的实际情况编制《质量手册》及其质量管理体系文件，各项目部应当根据公司的《质量手册》及其质量管理体系文件编制本项目部的《质量手册》及其质量管理体系文件，供本项目部使用。

1. 《质量手册》的编制

（1）编写质量手册的组织。编制质量手册是一项有关企业质量管理体系建立、健全与完善的庞大系统工程。应遵照“集体领导、统筹规划、总体设计、分工协作、整体优化”的原则，切忌急于求成、照搬照抄，致使《手册》的适用性、系统性、先进性不足，实施的有效性差。

编写工作的组织注意以下几点：

1）质量手册的编写应由经理领导，质量保证部门组织实施。

2）经理或经理委托的管理者代表必须对体系要素进行确定，对各项质量活动的内容及职责分工进行协调、确认，并确定质量手册的编写原则。

3）编写组应由一定比例的质量部门和主要职能部门人员、施工技术管理人员和标准化人员组成。

4）编写人员的素质：思想作风正派、热爱企业、质量意识强、工作认真、经验丰富、熟悉《质量管理体系—要求》（GB/T 19001—2016）标准，并且有协调能力和较好的文字表达能力。

5）编写组织形式一般有两种：

a. 质量保证部门组织和指导有关部门按照手册的章节或文件纲目分工编写，并负责整理汇总。

b. 质量保证部门集中有关人员统一编写。

6）编写程序。学习国标→调研→分析对照→文件起草→与有关部门讨论→协调→修改→小组审核→编写组校对→标准化审查→更改→经理终审→经理批准→颁布。

（2）质量手册的构成。质量手册一般由批准页、前言、目次、正文、附录、手册的管理规定等部分构成。结构顺序，按照使用者的需要确定。

（3）质量手册的主要内容。质量手册可按以下内容编写：

1）总则。

2）引用标准。

3）术语和定义。

4）质量管理体系。

a. 总要求。

b. 文件要求。

（a）总则。

（b）质量手册。

（c）文件控制。

（d）记录控制。

5）管理职责。

a. 管理承诺。

b. 以顾客为关注焦点。

c. 质量方针。

d. 策划。

（a）质量目标。

（b）质量管理体系。

e. 职责权限和沟通。

f. 管理评审。

6）资源管理。

a. 资源的提供。

b. 人力资源。

c. 基础设施。

d. 工作环境。

7）产品实现。

a. 产品实现的策划。

b. 与顾客有关的过程。

c. 设计和开发。

d. 采购。

e. 生产和服务的提供。

f. 监视和测量装置的控制。

8）测量分析和改进。

a. 总则。

b. 监视和测量。

（a）顾客满意。

（b）内部审核。

（c）过程的监视和测量。

（d）产品的监视和测量。

c. 不合格品控制。

d. 数据分析。

e. 改进。

（a）持续改进。

（b）纠正措施。

（c）预防措施。

9）质量手册的管理。

附录：组织机构图；质量管理职能分配表。

2. 程序文件的编制

程序是为完成某项活动所规定的方法。在许多场合，程序必须制定成文件。一般地说，质量管理体系程序文件不应涉及纯技术性的细节。

某项活动在企业标准中已将程序予以明确规定的，可不另行单独编写程序文件。

（1）编制要求。程序文件编制的要求基本上与质量手册编制的要求相同。程序文件的编制，要特别注意其协调性、可行性与可检查性。

1）协调性：程序文件的内容必须符合质量手册的各项规定，并与其他的程序文件协调一致。在编制程序文件时，可能会发现质量手册及其他程序文件的缺点，这时应当做相应的更改，以保证文件之间的统一。

2）可操作性：程序文件中所叙述的活动过程应就过程中的每一个环节做出细致、具体的规定，以便于基层人员的理解、执行与检查。

3）准确性：文字表达应简明、准确，技术内容应正确无误，术语、符号、代号要统一，编排格式、印刷幅面、审批和发放管理等应符合有关规定。

（2）程序文件的内容构成。程序文件的一般构成如下：

概述部分包括封面、首页、目次、程序文件名称、引言。正文部分包括主题内容与适用范围、编制依据或引用文件、术语、符号、代号、工作流程。补充部分包括报告和记录表式。

工作流程是程序文件的主要内容要根据质量手册中对体系要素的简要规定，在程序文件中较详细的阐述以下内容：

规定流程中各环节之间的输入和输出的内容，包括工器具、材料、文件、记录和报告等，并明确它们与其他要素的接口。

规定开展各环节活动在物资、人员、信息和环境等方面应具备的条件。

明确每个环节内转换过程中的各项因素，即由谁做，依据和采用什么文件和工器具，做什么，如何做，做到什么程度，达到什么要求，形成什么样的记录、报告、信息反馈流程与人员职责。

对工作流程可辅以流程图表述。

3. 质量计划的编制

质量计划是针对特定的产品、服务、合同或项目，规定专门的质量措施、资源和活动的顺序文件。它是企业有计划地提高质量管理和实物质量水平而有重点地对原制定的质量管理体系文件加以补充性阐述的文件。

由于质量计划是对其他文件的补充，因而它的构成和内容，根据不同的需要有很大差别。有的仅就若干项目做出补充规定，有的是就整个工程质量管理体系进行阐述。对于质量手册和程序文件中已有规定的内容，质量计划不做重复阐述。

（1）质量计划的分类。企业在一个阶段内为实现企业战略目标而提出的阶段质量计划。其内容应为重点保证或提高质量的项目、预期目标、主要措施。

针对初次接触的工程项目、新产品、新材料、新工艺和创优工程的质量计划。

把握关键工序，解决薄弱环节，攻克质量通病，进行质量改进的质量计划。

在合同环境下，根据需方的要求，对工程质量形成全过程的技术作业活动，事先设置见证点（W点）和停工待检点（H点）进行重点控制的质量计划。

（2）质量计划的内容。质量计划由封面、目次、引言、正文、附录、附加说明等部分组成。一般包括：

1）应达到的质量目标。

2）该项目各阶段中责任和权限的分配。

3）应采用的特定程序、方法和作业指导书。

4）有关阶段的试验、检验和审核大纲。

5）随项目的进展而修改和完善质量计划的方法。

6）为达到质量目标而采取的其他措施。

在合同环境下，企业应按照用户的要求编写质量保证计划，作为质量手册的补充，在谈判或投标时提供出来。合同签订后，再根据合同要求，针对用户提出的具体要求编写质量控制计划。

质量计划属于质量管理体系文件，是第二层次体系文件。它不直接指导各项作业活动，是为保证工程（产品）质量或实现工程创优，事先进行周密计划而提出的一些特殊对策、措施和手段。一经批准实施，质量计划中的要求，应反映在有关的程序文件和作业指导书中强制执行。

4. 作业指导书的编制

质量管理体系程序文件不涉及纯技术性的细节。这些细节通常在作业指导书中作出规定。作业指导书是控制工序质量的重要文件。其作用是在班组施工时，通过图纸及作业指导书来明确操作过程、方法和质量要求、安全措施与技术记录等规定，从而达到以工作质量来保证工程质量的目的。

由于作业指导书能够指导工人按规定的程序及要求进行操作、控制和记录；能够指导检验人员按规定的要求实施监督、检验和检查；能够进一步明确质量责任，促进技术人员、操作人员、检验人员及其他相关人员提高工作质量，从而保证了工程质量，因此电力施工企业必须十分重视作业指导书的编制工作。

（1）编制依据。

1）已批准的施工图和设计变更、设备出厂技术文件。

2）已批准的施工组织总设计和专业施工组织设计。

3）合同规定采用的标准、规程、规范等。

4）类似工程的施工经验、专题总结。

5）工程施工装备和现场条件。

（2）编制内容。

1）工程（设备）概况。

2）作业前应做的准备和必须具备的条件。

3）参加作业人员的资格及要求。

4）作业所需的工机具及仪器、仪表的规格和准确度。

5）作业程序、方法和内容。

6）作业过程中对见证点和停工待检点的控制。

7）作业活动中有关人员的职责、分工和权限。

8）作业结果的检查验收和应达到的标准要求。

9）作业环境应达到的条件。

10）作业的安全要求和措施。

5. 质量记录的编制

在质量管理体系文件中，质量记录是最基础的文件，是证实质量管理体系运行的见证资料。建立质量记录是为了及时反映出产品质量的水平和质量管理体系运行的有效性，掌握质量动态。

（1）质量记录的编制原则。

1）系统性：贯穿工程（产品）质量形成的全过程，能完整地反映质量管理体系的运行状况和产品质量动态。

2）保证性：质量记录应满足内部和外部质量保证的要求，满足有关法规的规定。

3）可追溯性：能为分析产品质量和追回不合格品提供充分的依据。

4）可检索性：质量记录的标记、编目、内容项目、归档和保存应具有可检索性，做到易查、易找。

（2）质量记录的内容。质量记录的内容一般有：

1）工程质量记录。工程施工技术记录、工程质量验收记录、设备开箱检查记录、原材料、半成品检验记录、材料跟踪使用记录、设备材料检验报告、缺陷处理记录、不符合项目处理记录、设备调试及试运记录、图纸审核记录、设计变更记录、技术交底记录、工序质量交接记录、统计方法的应用资料、竣工图纸、竣工报告、工程质量检验评定记录、工程轴线测量及沉降测量记录、整套试运记录、质量回访报告等。

2）质量管理体系运行记录。质量管理体系审核记录、文件和资料更改申请单、文件和资料接收登记、文件和资料发放登记、标书或合同评审记录、不符合项记录、质量信息反馈记录、工序质量控制记录、材料跟踪记录、用户回访记录等。

三、质量管理体系认证

质量管理体系认证，亦称质量管理体系注册，是指由公正的第三方体系认证机构，依据正式发布的质量管理体系标准，对企业的质量管理体系实施评定，并颁发体系认证证书和发布注册名录，向公众证明企业的质量管理体系符合某一质量管理体系标准，有能力按规定的质量要求提供产品，可以相信企业在产品质量方面能够说到做到。

质量管理体系认证的目的是要让公众（消费者、用户、政府管理部门等）相信企业具有一定的质量保证能力，其表现形式是由体系认证机构出具体系认证证书的注册名录，依据的条件是正式发布的质量管理体系标准，取信的关键是体系认证机构本身具有的权威性和信誉。

质量管理体系标准：体系认证中使用的基本标准不是产品技术标准，因为体系认证中并不对认证企业的产品实物进行检测，颁发的证书也不证明产品实物符合某一特定产品标准，而仅是证明企业有能力按政府法规、用户合同、企业内部规定等技术要求生产和提供产品。

企业的组织管理结构、人员和技术能力、各项规章制度和技术文件、内部监督机制等是体现其质量保证能力的内容，它们既是体系认证机构要评定的内容，也是质量管理体系标准规定的内容。目前，世界上体系认证已有通用的质量管理体系标准，即 ISO 9000 系列国际标准。

当然，各国在采用 ISO 9000 系列标准时都需要翻译为本国文字，并作为本国标准发布实施。目前，包括全部工业发达国家在内，已有近 70 个国家的国家标准化机构，按 ISO 指南 47 的规定，将 ISO 9000 系列国际标准等同转化为本国国家标准。我国等同 ISO 9000 系列的国家标准是 GB/T 19000—ISO 9000 系列标准，是 ISO 承认的 ISO 9000 系列的中文标准，列入 ISO 发布的名录。

体系认证过程总体上可分为认证申请、体系审核、审批与注册发证、监督四个阶段。

（1）认证申请。企业向其自愿选择的某个体系认证机构提出申请，按机构要求提交申请文件，包括企业质量手册等。体系认证机构根据企业提交的申请文件，决定是否受理申请，并通知企业。按惯例，机构不能无故拒绝企业的申请。

（2）体系审核。体系认证机构指派数名国家注册审核人员实施审核工作，包括审查企业的质量手册，到企业现场查证实际执行情况，提交审核报告。

（3）审批与注册发证。体系认证机构根据审核报告，经审查决定是否批准认证。对批准认证的企业颁发体系认证证书，并将企业的有关情况注册公布，准予企业以一定方式使用体系认证标志。证书有效期通常为三年。

（4）监督。在证书有效期内，体系认证机构每年对企业至少进行一次监督检查，查证企业有关质量管理体系的保持情况，一旦发现企业有违反有关规定的事实证据，即对相应企业采取措施，暂停或撤销企业的体系认证。

质量管理体系认证之所以在全世界各国能得到广泛的推行，是因为：

（1）从用户和消费者角度：能帮助用户和消费者鉴别企业的质量保证能力，确保购买到优质满意的产品。

（2）从企业角度：能帮助企业提高市场的质量竞争能力；加强内部质量管理，提高产品质量保证能力；避免外部对企业的重复检查与评定。

（3）从政府角度：能促进市场的质量竞争，引导企业加强内部质量管理稳定和提高产品质量；帮助企业提高质量竞争能力；维护用户和消费者的权益；避免因重复检查与评定而给社会造成浪费。

第二节　职业健康安全管理体系及其认证

一、职业安全健康管理体系简介

职业安全健康管理体系（occupation health safety management system，OHSMS）是 20 世纪 80 年代后期国际上兴起的现代安全管理模式。它是一套系统化、程序化和具有高度自我约束、自我完善的科学管理体系。其核心是要求企业采用现代化的管理模式，使包括安全生产管理在内的所有生产经营活动科学、规范和有效，建立健全安全生产的自我约束机制，不断改善安全生产管理状况，降低职业安全健康风险，从而预防事故发生和控制职业危害。20 世纪 90 年代中期以来，已有十几个国家和组织颁布了三十多个关于 OHSMS 的标准、规范和指南等。我国在吸收国内外先进经验的基础上，于 1999 年原国家经贸委颁布了《职业健康安全管理体系试行标准》，于 2001 年制定了《职业健康安全管理体系规范》（GB/T 28001—2001），2008 年颁布了《职业健康安全管理体系规范》（GB/T 28001—2011）。该标准提出了对职业健康安全管理体系的要求，旨在使一个组织能够控制职业健康安全风险并改进其绩效。

OHSMS 由职业健康安全方针、策划、实施和运行、检查和纠正、管理评价五个部分组成，如图 8–1 所示。该体系适用于任何类型规模的厂矿和服务行业。各厂矿行业均可自由、灵活地确定建立和实施 OHSMS 的范围，可以在整个组织或在组织的某一单位或活动中选择实施。该体系应作为组织管理的一个部分，提高职工安全意识，有效地预防和控制工伤事故、职业病等，以保障国民经济的持续发展。

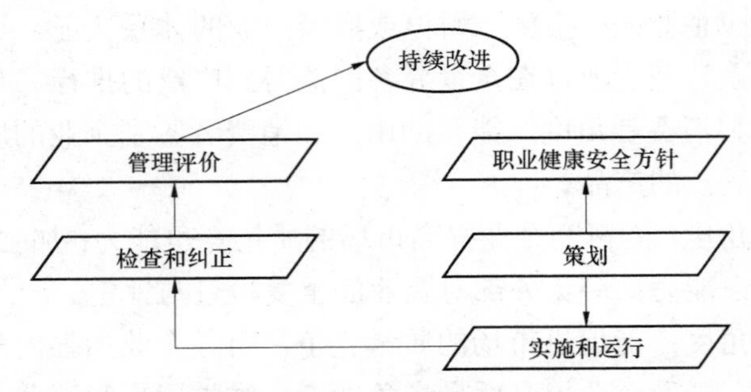

图 8–1　职业健康安全管理体系模式

1. 确立一个经最高管理者批准的职业健康安全方针

该方针用以阐明目标、指导思想和承诺。方针应适合于该单位职业健康安全特点、危险性质、规模。它包括为保持职业健康安全方针所需要的组织结构、计划、执行、监控检查和资源等。

职业健康安全方针应符合以下要求：适合本单位的职业健康安全风险的性质和规模；对所制定的改进措施保持持续的承诺；遵守现行职业健康安全法规，并接受其他要求的承诺；要形成文件，实施并保持；传达到全体员工，使员工认识各自的职业健康安全义务；要使相关的单位获知并执行；定期评审，以确保方针在本单位的执行，并了解执行过程中的适宜性和相关性。

2. 策划

策划包括危险辨识、危险评价和危险控制的策划、法律与其他要求、目标及管理方案四个方面。

（1）建立和保持危险辨识、危险评价和危险控制措施的实施程序。各单位负责管理的组织应建立并保持程序，以持续进行危险辨识、危险评价和实施必要的控制措施。其实施内容包括：常规和非常规的活动；所有进入作业场所人员的活动（包括合同方人员和访问者）；作业场所内的设施，无论是由本单位还是由外部

所提供的设施；在确立职业健康安全目标时，要考虑到过去对这些危险评价的结果及控制的效果，并形成文件及时更新。

采用危险辨识、危险评价和危险控制的方法：依据危险的范围、性质和时限性进行确定，以确保该方法是主动性的而不是被动性的；确定风险级别；与运行经验和所采取的危险控制措施的能力相适应；为确定设备要求、识别培训需求和（或）开展运行控制提供适宜信息；规定对所要求的活动进行监视，以确保其及时有效地实施，特别是对重大危险源，要能确定危险因素及判断其重要程度。

所辨识的危险因素包括三种状态——正常、异常（如停机、检修）和紧急状态（泄露、爆炸等）；三种时态——过去、现在和将来；七种类型——机械能、电能、热能、化学能、放射能、生物因素、人机因素。

危险控制措施包括消除、限制、处理、转移等。

危险辨识、危险评价是一个不断发展的过程，涉及到法律、法规的要求和业务本身的发展、工艺更新、原材料替代等多方面影响。

（2）法律和法规要求。组织应认识和了解其活动受哪些法律、法规和其他相关标准、制度要求的影响，建立并保持遵守职业健康安全法律和法规的程序，而且所保存的法律和法规应是最新的，并应将其要求传达给全体员工和其他相关方。这在评价时是很重要的依据。

（3）目标。目标是职业健康安全方针的具体体现。要实现目标，就需要制定具体指标。企（事）业应对其内部各有关职能和层次，建立并保持形成文件的职业健康安全目标。

目标应考虑的内容有：法规和其他要求；职业健康安全危险源和风险的特点；可选择的技术方案；财务、运行和经营要求；相关方的意见。目标应符合职业健康安全方针，包括对持续改进的承诺。凡属可行的目标要具体、量化，指标应明确并可测量。目标要符合国家职业健康安全规划的要求、安全技术政策的要求；指标要体现先进性、可操作性、可调整性和量化的要求。职业健康安全目标的类型包括：风险类型的降低，工伤事故和职业病的减少等。

（4）管理方案。组织应制定并保持职业健康安全管理方案，以实现其目标。应定期并且在计划的时间间隔内对职业健康安全管理方案进行评审，必要时应针对组织的活动、产品、服务或运行条件的变化对管理方案进行修订。管理方案应包含形成文件的如下内容：为实现目标所赋予本单位或本部门有关职能和层次的职责和权限；实现目标的方法和时间表，即各项职责的落实。

3. 实施和运行

实施和运行的具体内容包括：机构和职责，培训、意识和能力，协商与沟通，文件，文件和资料控制，运行控制，应急准备与响应等七个方面。

（1）机构和职责。为便于实施有效的职业健康安全管理，对各单位或各部门的活动、设施和过程的职业健康安全风险有影响的，且从事管理、执行和验证工作的人员，应确定其作用、职责和权限，并予以界定，形成文件并予以沟通。职业健康安全的最终责任由最高管理者承担，各单位应在最高管理者中指定一名成员（如在某大组织内的董事会或执委会成员）作为管理者代表承担特定职责，以确保职业健康安全管理体系的正确实施和运行，并在单位内部所有岗位和运行范围执行各项要求。管理者应为实施、控制和改进职业健康安全管理体系提供必要的资源（包括人力资源，专项技能、技术和财力资源）。

（2）培训、意识和能力。全体人员应具备完成职业健康安全工作任务的能力。在教育、培训和（或）经历方面，单位负责人应规定全体员工能力所要达到的具体要求。应确定并保持使各有关职能和层次的员工（包括临时工）都意识到：职业健康安全方针、程序和职业健康安全管理体系要求的重要性；在工作活动中实际存在的（或潜在的）职业健康安全后果以及个人工作的改进所带来的职业健康安全效益；在执行方针和程序，实现职业健康安全管理体系要求，包括应急准备和响应要求等方面的作用与职责；偏离规定的运行程序的潜在后果等。在执行培训程序时，应考虑不同层次的职责、能力和文化程度以及风险。

（3）协商与沟通。各单位应有相应的程序，以确保与员工和其他相关方就职业健康安全信息进行相互沟通。应将员工的参与和协商的安排形成文件，并通报相关方。此方面对员工的要求有：参与风险管理方针和程序的制定和评审；参与商讨影响工作场所职业健康安全的任何变化；参与职业健康安全事务；了解谁是职业健康安全的员工代表和指定的管理者。

（4）文件。各单位或各部门应以适当的媒介（如笔记纸或电子形式）建立并保持下列信息：描述管理体系核心要素及其相互作用；提供查询相关文件的途径。此时应注意按有效性和效率要求使文件数量尽可能少。

为确保职业健康安全体系得到充分理解和有效执行，OHSMS 建议将文件分为三个层次：一是管理手册，它阐述职业健康安全方针、目标和指标、管理方案和有关的组织机构、职责、权限以及手册的评审、修改和控制等规定；二是操作手册，它是对各项职业健康安全活动所采取的方法的具体描述，应具有可操作性和可检查性；三是作业文件，包括表格、报告、作业指导书、危险因素清单、法

律法规登记名录、“三同时”报告、安全评价报告、现场平面图等。

（5）文件和资料控制。各部门应建立并保持一定的工作程序，控制本标准所要求的所有文件和资料，以确保：文件和资料易于查找；对文件和资料进行定期评审，必要时予以修订，并由授权人员确定当前的文件是否适应当前的情况；凡对职业健康安全管理体系的有效运行具有关键作用的岗位，都可得到有关文件和资料的现行版本；及时将失效文件和资料从所有发放和使用的部门撤回，或采取其他措施防止误用；对出于法规和（或）保留信息的需要而保存的档案文件和资料予以适当标识。文件的标识、分类、归档、保存、更新、处置等是文件控制的主要内容。职业健康安全体系侧重对体系的运行和危险因素的有效控制，而不是建立过于烦琐的文件控制系统，要注重实效。

（6）运行控制。运行控制是指按照目标、指标及有关程序控制职业健康安全管理体系的运转，保证各方面正确运行。

1）运行控制要求。各单位或各部门应识别与危险有关且需要采取控制措施的作业活动，对这些活动（包括维护工作）进行策划，通过以下方式确保它们在规定的条件下运行：① 对于因缺乏形成文件的程序而可能导致偏离职业健康安全方针、目标的运行情况，建立并保持形成文件的程序；② 在程序中规定运行准则；③ 对于单位所购买和（或）使用的货物、设备和服务中已识别的职业健康安全风险，建立并保持程序，并将有关的程序和要求通报供方和合同方；④ 建立并保持程序，用于工作场所、过程、装置、机械、运行程序和工作组织的设计，包括考虑与人的能力相适应，以便从根本上消除或降低职业健康安全风险。

2）运行控制内容包括：作业场所危险辨识、评价；产品和工艺设计安全；作业许可制度；设备维护保养；安全设备与个人防护用品；安全标志；物料搬运和储存；运输安全；采购控制；供应商与承包商评估与控制等。如危险作业任务运行控制内容有作业任务的识别、作业方法的预定和批准、执行危险作业任务人员的预备资格、控制人员出入危险作业场所的作业许可制度和程序等。

（7）应急准备与响应。单位或部门必须建立并保持处理意外事故和紧急情况的计划和运行程序，如果可行，组织还应定期测试这些程序。尤其是火灾、爆炸、毒物泄露等重大事故，必须按有关规定制订场内应急计划，并协助制订场外应急措施、应急设备。如应考虑到可能有什么样的紧急状态，并做好预防工作；发生紧急情况后如何处理；采取的纠正措施和程序的更改要予以记录；对程序进行练习和检验。

应急计划应包括：识别潜在的事故和紧急情况；确定应急期间的负责人；所

有人员在应急期间的职责；在应急期间起特殊作用的人员（如消防员、急救人员、核泄漏和毒物泄露专家等）的职责、权限和义务；疏散程序；危险物料的确认和位置；所要求的应急行为；与外部应急机构的接触；与立法部门的交流；重要记录和设备的保护；应急期时必须要使用的信息，如装置布置图、危险物质数据、程序、作业说明书和联络电话号码等。应急有关的设备如报警系统；应急照明和动力；逃生工具；安全避难场所；安全隔离阀、开关和切断阀；消防设备；急救设备（包括急救喷淋、眼冲洗站等）；通信设备等。这些设备应按计划进行演习。

4. 检查与纠正措施

本阶段包括绩效测量和监视，事故、事件、不符合、纠正与预防措施，记录和记录管理，审核四个方面。

（1）绩效测量和监视。

1）要求各单位应建立并保持程序，对职业健康安全绩效进行常规监视和测量。程序应规定：适合组织需要的定性和定量测量；对组织的职业健康安全目标的满足程度的监视；主动性的绩效测量，即监视是否符合职业健康安全管理方案、运行准则和适用的法规要求；被动性的绩效测量，即监视事故、疾病、事件和其他不良职业健康安全绩效的历史证据；记录充分的监视和测量的数据和结果，以便于后面的纠正和预防措施的分析。如果绩效测量和监视需要设备，各单位应建立并保持程序，对此类设备进行校准和维护，并保存校准和维护活动及结果的记录。

2）监视对象和监视频次应根据风险水平决定，形成常规性检查。监视与测量的一些内容包括：危险源辨识、风险评价和危险控制的结果；利用检查表进行系统作业场所检查；对新装置、设备、原料、化学品、技术、过程、程序或作业模式的初评；特殊机械和装置的检验，以检查与安全相关的部件是否匹配和正常；抽样检测具体的健康安全状况；环境抽样检测化学、生物或物理因素（如噪声、挥发性有机物等）的暴露，并与标准比较；行为抽样，评估工人的操作行为，以辨识可能需要纠正的不安全习惯；文件和记录的分析；调查员工对卫生管理、卫生实践以及协商过程的态度。

3）检验包括设备检验，应按要求纳入计划；制定作业场所可接受的作业条件标准，以便管理者定期检验；应保持每次健康安全检验的记录，对不符合要求的要进行纠正；测量设备的准确性，要符合标准要求。

（2）事故、事件、不符合、纠正与预防措施。各单位应建立并保持程序，确定有关的职责和权限，以便处理和调查事故、事件、不符合；采取措施减小因事故、事件或不符合而产生的影响；采取纠正和预防措施，并予以完成；确认所采

取的纠正和预防措施的有效性。

在程序要求方面，对于所有拟定的纠正和预防措施，在其实施前应先通过风险评价过程进行评审。为消除实际和潜在不符合原因而采取的任何纠正或预防措施，应与问题的严重性和面临的职业健康安全风险相适应。对于纠正和预防措施引起的更改，应遵照执行并予以记录。

在这里，事故和职业病信息资料是极为重要的，它可能是职业健康安全绩效的直接指示参数。通常进行以下几方面的分类和分析：伤亡及职业病的频率或严重度；发生地点、伤害类型、伤害部位、所涉及的活动、所涉及的部门、日期、时间等；财产损失的类型和数量；直接原因和根本原因。

（3）记录和记录管理。各单位应建立并保持程序，以标识、保存和处置职业健康安全记录以及审核和评审结果。职业健康安全记录应字迹清楚、标识明确，并可追溯相关的活动。职业健康安全记录的保存和管理应便于查阅，避免损坏、变质或遗失。应规定并记录保存期限。

（4）审核。各单位应建立并保持审核方案和程序，定期开展职业健康安全管理体系审核。审核的目的是确定职业健康安全管理体系是否：① 符合职业健康安全管理的策划安排，包括满足《职业健康安全管理体系要求》的要求；② 得到了正确实施和保持；③ 有效地满足组织的方针和目标；④ 评审以往审核的结果；⑤ 向管理者提供审核结果的信息。

审核方案，包括日程安排，应基于组织活动的风险评价结果和以往审核的结果。审核程序应既包括审核的范围、频次、方法和能力，又包括实施审核和报告结果的职责与要求。如果可能，审核应由与所审核活动无直接责任的人员进行。这里的“无直接责任的人员”并不意味着必须来自组织外部。

5. 管理评审

组织的最高管理者应按规定的时间间隔对职业健康安全管理体系进行评审，以确保体系的持续适宜性、充分性和有效性。管理评审过程应确保已经收集到必要的信息以供管理者进行评价。管理评审结果应形成文件。管理评审应根据职业健康安全管理体系审核的结果、环境的变化和对持续改进的承诺，同时指出可能需要修改的职业健康安全管理体系方针、目标和其他要素

二、职业健康安全认证

1. 主要内容

《职业健康安全管理体系　要求》（GB/T 28001—2011）规定了 17 个名词术语

定义，其中危险源、风险、事故是具有职业安全健康管理体系特色的术语。

第 4 章是标准的主要内容，规定了职业健康安全管理体系的要求。标准结构与《环境管理体系　要求及使用指南》GB/T 24001—2016 完全相同，亦由五个一级要素组成，下分 17 个二级要素，体现了 PDCA 循环和管理模式。

2. 建立方法

组织（企业）建立 0HSAS，要依据《职业健康安全管理体系　要求》（GB/T 28001—2011）要求，结合组织（企业）实际，按照以下六个步骤建立：

（1）领导决策与准备：领导决策、提供资源、任命管理者代表、宣贯培训。

（2）初始安全评审：识别并判定危险源、识别并获取安全法规、分析现状、找出薄弱环节。

（3）体系策划与设计：制定职业健康安全方针、目标、管理方案；确定体系结构、职责及文件框架。

（4）编制体系文件：编制职业健康安全管理手册、有关程序文件及作业文件。

（5）体系试运行：各部门、全体员工严格按体系要求规范自己的活动和操作。

（6）内审和管理评审：体系运行 2 个多月后，进行内审和管评，自我完善育改进。

3. 标准条件

（1）按 OHSAS18001 标准要求建立文件化的职业健康安全管理体系。

（2）体系运行 3 个月以上，覆盖标准的全部 17 个要素。

（3）遵守适用的安全法规，事故率低于同行业平均水平。

接受国家认可委授权的认证机构第三方审核并获通过。

第三节　环境管理体系及其认证

一、环境管理体系

环境管理体系是一个组织内全面管理体系的组成部分，它包括制定、实施、实现、评审和保持环境方针、目标和指标等管理方面的内容。环境管理体系是一个组织有计划，而且协调动作的管理活动，其中有规范的动作程序，文件化的控制机制。它通过明确职责、义务的组织结构来贯彻落实，目的在于防止对环境的不利影响。环境管理体系是一项内部管理工具，旨在帮助组织实现自身设定的环境表现水平并不断地改进环境行为，不断达到更新更佳的高度。

二、环境管理体系的内容

环境管理体系标准《环境管理体系　要求及使用指南》GB/T 24001—2016 规范及使用指南中对环境管理体系的内容有明确的规定，它包括五大部分，17 个要素。五大部分是指：环境方针；规划；实施与运行；检查与纠正措施；管理评审。这五个基本部分包含了环境管理体系的建立过程和建立后有计划地评审及持续改进的循环，以保证组织内部环境管理体系的不断完善和提高。

17 个要素是指：环境方针；环境因素；法律与其他要求；目标和指标；环境管理方案；组织结构与职责；培训、意识与能力；信息交流；环境管理体系文件编制；文件管理；运行控制；应急准备与响应；监测；违章、纠正与预防措施；记录；环境管理体系审核；管理评审。

环境管理体系是整个管理体系的一个组成部分，包括为制定、实施、实现、评审和保持环境方针所需的组织结构、计划活动、职责、惯例、程序、过程和资源。环境管理体系围绕环境方针的要求展开环境管理，管理的内容包括制定环境方针、根据环境方针制定符合本企业的目标指标、实施并实现环境方针及目标指标的相关内容、对实施情况和实现过程予以保持等。

环境管理体系的运行模式如图 8–2 所示。

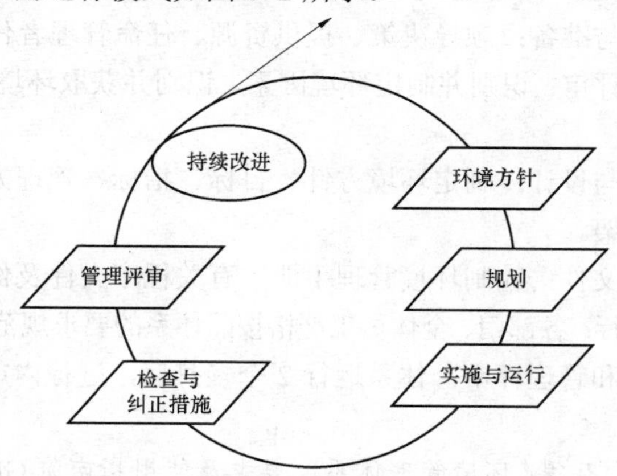

图 8–2　环境管理体系的运行模式

这一环境管理体系模式遵循了 PDCA 管理模式：规划（plan）—实施（do）—检查（check）—改进（action），即规划出管理活动要达到的目的和遵循的原则，在实施阶段实现目标并在实施过程中体现以上原则，检查和发现问题，及时采取纠正措施，保证实施与实现过程不会偏离原有目标与原则，实现过程与结果的改进提高。

环境管理体系要求是《环境管理体系　要求及使用指南》(GB/T 24001—2016)标准内容的核心，它论述了环境管理体系要素构成和要素要求，是企业建立环境管理体系和通过环境管理体系第三方认证的基础。环境管理体系要求包括 18 个条款，除去“4.1 总要求”外，其余 17 个条款分为环境方针、规划（策划）、实施和运行、检查与纠正措施和管理评审等，组成了环境管理体系的完整要求。这 17 个环境管理体系要素严格规范了各类组织实施《环境管理体系　要求及使用指南》(GB/T 24001—2016)，建立和保持环境管理体系所应遵循的原则与要求，是各类组织获得《环境管理体系　要求及使用指南》(GB/T 24001—2016)认证的必要条件。

三、环境管理体系认证

实施管理体系认证对企业的发展有着重要的意义。所有员工都与实施管理体系有关，并要求对体系所包括的内容有一定的了解。

在实施的过程中，全体员工对管理体系的认识是非常重要的。如他们的日常工作是什么和对其有什么影响。

1. 建立环境管理体系的方法和步骤

组织（企业）建立 EMS，要依据《环境管理体系　要求及使用指南》(GB/T 24001—2016)的要求，结合组织（企业）的实际，按照以下六个步骤建立：

（1）领导决策与准备：领导决策、提供资源、任命管理者代表、宣贯培训。

（2）初始环境评审：识别并制定环境因素、识别并获取环境法规、分析现状、找出薄弱环节。

（3）体系策划与设计：制定环境方针、目标、指标、管理方案；确定体系结构、职责及文件框架。

（4）编制体系文件：编制环境管理手册、有关程序文件及作业文件。

（5）体系试运行：各部门、全体员工严格按照体系的要求规范自己的环境行为。

（6）内部审核和管理评审：体系运行 2 个多月后，进行内审和管理评审，自我完善与改进。

2. 组织（企业）获得《环境管理体系　要求及使用指南》(GB/T 24001—2016)认证证书的条件

（1）按《环境管理体系　要求及使用指南》(GB/T 24001—2016)要求建立文件化的环境管理体系。

（2）体系运行 3 个月以上，覆盖标准的全部 17 个要素。

（3）遵循适用的环境法规，实现达标排放。

聘请并接受国家认可委授权的认证机构进行第三方审核。审核通过后获得认证证书。认证证书的有效期为三年。获得管理体系的证书，并不只是企业内部受益，将通过管理体系认证的实际利益向客户和利益相关方推广有着重大的意义。为了维持证书的有效性，维持和持续改善贯穿于整个监督审核的全过程。

第四节　测量管理体系及其认证

一、测量管理体系简介

测量管理体系是为完成计量确认并持续控制测量过程所必需的一组相互关联或相互作用的要素。在《测量管理体系　测量过程和测量设备的要求》（GB/T 19022—2003）“引言”中对测量管理体系的目的作了以下说明：

（1）一个有效的测量管理体系确保测量设备和测量过程适应预期用途，它对实现产品质量目标和管理不正确测量结果的风险是重要的。

（2）测量管理体系的目标是管理由于测量设备和测量过程可能产生的不正确结果而影响该组织的产品质量的风险。

根据《测量管理体系　测量过程和测量设备的要求》（GB/T 19022—2003），企业建立测量管理体系的目的是确保测量设备和测量过程能够满足预期用途。测量管理体系是通过对测量设备和测量过程的管理，管理由于不正确测量结果给组织带来风险，把可能产生的不正确的测量结果降低到最小程度；把不准确测量造成的产品质量风险降低到最小程度，以便使测量管理体系在组织实现产品质量目标和其他目标时起着重要的保证作用。

二、测量管理体系认证的有关规定

2005 年 6 月 28 日国家质量监督检验检疫总局、国家认证认可监督管理委员会以国质检量联〔2005〕213 号印发了《测量管理体系认证管理办法》，该办法所称的测量管理体系认证工作，是指由测量管理体系认证机构（以下简称认证机构）证明企业（或其他组织）能够满足顾客、组织、法律法规等对测量过程和测量设备的质量管理要求，并符合《测量管理体系　测量过程和测量设备的要求》（GB/T 19022—2003）的认证活动。国家对测量管理体系实行统一的认证制度，测量管理体系认证坚持政府推动、企业自愿的原则。

认证机构应当对获证企业的测量管理体系每年进行一次跟踪监督检查，也可根据情况进行不定期抽查。监督检查合格的，认证证书继续使用；监督检查不合格的，暂停使用认证证书和测量管理体系认证标志，并限期整改。整改合格的继续使用认证证书和测量管理体系认证标志，整改无效的，撤销其认证证书，并停止使用认证证书和测量管理体系认证标志。

获得测量管理体系认证证书的，获证企业可以在宣传材料等信息载体上印制测量管理体系认证标志，但不得在销售的产品或者产品的包装上使用测量管理体系认证标志。印制测量管理体系认证标志时可根据需要按基本图案规格等比例放大或者缩小，但不得变形、变色。

在以下情况下可以引用《测量管理体系　测量过程和测量设备的要求》（GB/T 19022—2003）：顾客在规定所要求的产品时；供方在规定所提供的产品时；立法和执法机构；测量管理体系的评定和审核。

三、测量管理体系文件的编写

编制质量手册应在计量管理部门统一组织领导下，由测量管理体系文件编写组来进行，可以集中人员编制，但最好还是采取分工合作上下结合的形式，综合性要求由计量管理部门编制，专项性要求由各相关部门编制，可以更好地联系实际，有利于实施。

编制体系文件，作为已获证企业要完善、修改、补充体系文件，均应制订出详细的实施计划，确定文件名称、编写负责部门、编写人、统稿人、审核人、编写进度要求，完成初稿日期等，要有计划，有进度，有检查，一定要防止脱离实际的照抄照搬。编制体系文件的过程应把它看成是学习理解标准、培训锻炼队伍的过程。要注意吃透两头，既要吃透标准，又要吃透实际，把这二者结合起来才能编制出一套实用的有效的体系文件。当然在编制体系文件时，始终要突出一个主题，标准要求建立一个以过程为主导的测量管理体系，时时要以此进行衡量和评价。

质量手册的章节应与《测量管理体系　测量过程和测量设备的要求》（GB/T 19022—2003）的顺序一致。一般为：

01　前言

02　手册颁布令

1　范围

2　引用标准、术语和定义

3　质量目标

4　测量管理体系

4.1　组织的结构

4.2　体系总要求

4.3　文件要求

5　管理职责

6　资源管理

7　计量确认和测量过程的实施

8　测量管理体系分析与改进

程序文件的内容一般应包括：

（1）标题：程序文件的名称应能够反映程序的内容。

（2）目的。

（3）范围：包括适用的范围和不适用的情况。

（4）职责与权限：明确程序所描述的过程和活动有关的人员和职能部门的职责和权限及其相互关系，在程序文件中可采用流程图和文字描述的方式加以明确。

（5）活动的描述：活动描述的详略程度取决于活动的复杂程度、使用的方法以及从事活动所必须的技能的难度和培训的水平，应从以下几方面考虑：

1）规定组织及其顾客和供方的需要。

2）借助文字描述和流程图等方式对过程进行描述。

3）明确做什么、由谁做、为什么做、何时做、何地做以及如何做。

4）描述过程控制以及对已识别的活动的控制。

5）规定完成活动所需要的资源。

6）规定与要求的活动有关的文件。

7）规定所采取的监视方式。

（6）规定本文件所涉及到的记录（可只列出记录的名称与编号）。

（7）支持性文件。

组织应建立的程序文件可包括：

（1）规定文件的制定、更改、控制程序。

（2）制定质量目标、规定测量过程的性能判定客观准则。

（3）记录的标识、储存、保护、检索、保存期限与处置程序。

（4）组织、部门、人员的职责权限文件。

（5）测量设备流转应形成文件。

（6）测量过程所要求的环境条件应形成文件。

（7）外部供方与外来服务的控制程序。

（8）计量确认间隔的确定原则应形成文件。

（9）测量设备的封印管理应形成文件。

（10）对测量过程如何进行策划、确认、实施与控制应形成文件。

（11）测量设备、确认过程等的标识应形成文件。

（12）根据顾客、组织和法律、法规的要求确定计量要求，对这些计量要求而设计的确认过程应形成文件。

（13）测量过程应在受控条件下进行，受控的条件应规定程序文件。

（14）每个重要的测量过程应评价测量不确定度，如何识别与评价应形成文件。

（15）监视计量确认和测量过程应形成文件。

（16）监视结果和采取的纠正措施以及采取纠正措施的准则应形成文件。

（17）规定预防措施，以消除潜在的测量或确认不合格。

（18）确保测量设备的溯源性应形成文件。

（19）体系的审核与评审应形成文件。

（20）测量过程和结果中所用的计算机软件应进行识别与控制。

《测量管理体系　测量过程和测量设备的要求》（GB/T 19022—2003）要求的作业文件。它主要包括两大方面，即管理性文件（包括测量管理体系，形成程序文件之外的其他管理性文件如规定、办法、准则、制度等，同时也包含行政性文件）和技术性文件［包括标准、技术条件、检定规程、工艺规范、检验规范（准则）、图纸、作业指导书、设备操作规范等］，这类文件甚至还包括其他的如校准计划、检验试验计划、过程图、流程图、合格供方名录等具体的文件。指导书文件也应由责任部门负责编制，对已通过确认的企业原有技术性文件基本上是完全适用的，只需要补充修改管理性作业文件，并增加外来有关文件。文件要简化，首先要大力简化程序文件，必要时可以纳入手册或作业指导书。

在制定和修改上述文件的同时，要制定和修改记录表格、格式，即体系文件中的第四类文件，主要是要确定记录表格的项目、内容和形式，表格是一种文件，同样要进行编号和审核批准，要建立记录受控清单。

四、测量管理体系认证

测量管理体系认证的准备工作（如培训内部审核员、建立健全贯标的工作班子、制订贯标的计划、全员培训等）基本完成后，填写测量管理体系认证申请书并将质量手册和确认规范与体系文件对照检查表各 3 份提交测量管理体系认证机构，其流程如图 8–3 所示。

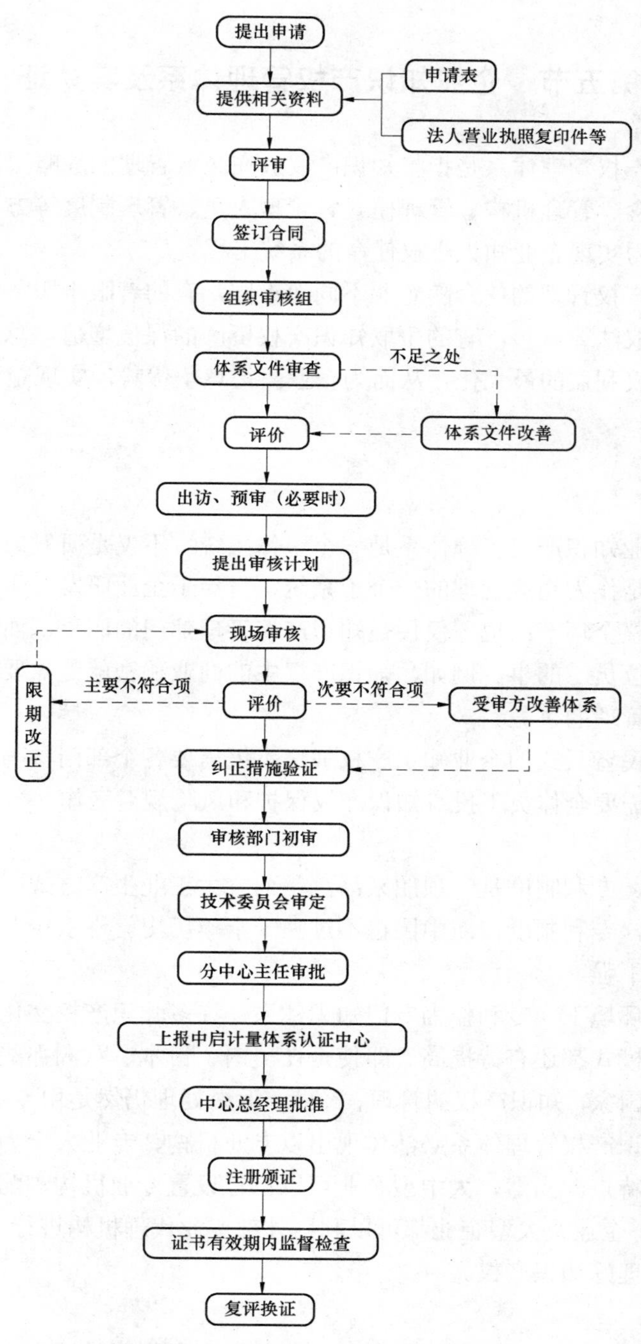

图 8–3　测量管理体系认证工作流程

第五节　企业知识产权管理体系及其认证

企业知识产权管理体系是指将知识产权放在企业管理的战略层面，从企业知识产权管理理念、管理机构、管理模式、管理人员、管理制度等方面视为一个整体，界定并努力实现企业知识产权使命的系统工程。

企业知识产权管理的使命随企业不同而不同，有的着眼于服务创新，有的力图防范知识产权法律风险，有的争取知识产权资产的保值增值，总的说来都是为了企业知识产权利益的最大化，从而为企业赢得竞争优势，实现企业的使命。

一、特点

1. 系统性

首先，企业知识产权管理体系是一个整体系统，不仅是研发或生产某一个方面的事，而且是作为企业管理的一个子系统，贯穿于企业研发、生产、采购、销售、进出口等整个环节；也不仅仅是知识产权管理部门的职责，而是涉及企业各个方面、每一位员工的事。例如，知识产权中的商业秘密就是需要对企业每一位员工进行有效管理的事务。

其次，全民皆兵式的企业知识产权战略不仅需要各个部门参与知识产权挖掘与部署，而且需要全体员工投身知识产权保护和风险规避工作。

2. 专业性

不可否认，专利制度是一项舶来品，是西方大工业生产方式下产生的文化制度。迄今为止，专利制度在新中国也不过三十余年历史。许多企业的专利意识薄弱、专利能力不强。

在这样的环境下，专利作为专门知识体系，许多知识产权文化理念、制度规范、经营管理模式都还有待提高。即使是在美国、日本、欧洲那些经济发达、知识产权强势的国家，知识产权的管理、经营、诉讼处理仍然是由专业人士来承担。所以，企业知识产权管理体系必然体现出以专业机构、专业人士为主进行建设、管理和负责的特点。当然，大中型企业可以自行设置专业机构、配置专业人员进行管理，而中小企业及大型企业都可以利用外部专业代理机构进行知识产权咨询、业务代理等管理好知识产权。

3. 多样性

高新技术企业与资源加工型企业的管理体系有所不同；同为高新技术企业，

生产制造型企业与软件开发型企业也会有所差异。可以说，每一个企业都有其特殊性。不同行业、不同类型、不同业务、不同使命和理念的企业，其知识产权管理体系各不相同。虽然企业知识产权管理体系存在系统性、专业性的共同特点，但世界上绝不会存在着一个统一而正确的知识产权管理体系或模式。企业只有寻找到适合于自身发展需要、适应市场竞争、促进科技创新、拓展国际贸易、适应企业战略发展的知识产权管理体系，那才是最好的。

二、理念

企业知识产权管理体系的理念是指整个管理体系的建立、健全和不断完善所需的指导思想和基本原则。一般来说，企业知识产权管理体系服务于企业的经营目标，企业知识产权管理体系要统一于企业的战略思想。只有为企业的经营目标服务，知识产权管理体系方能不失去方向感，企业才能从知识产权管理中获得价值，反过来进一步促进知识产权的不断发展。

1. 系统思维与目标管理的战略理念

系统思维要求企业家必须将知识产权纳入整个企业的战略、企业的使命、愿景、价值观等诸多方面进行系统考虑，而不是随随便便、应付国家号召之类，更不是短期行为。企业知识产权的积累、无形资产的管理是一个长期而艰巨的过程，只有勇于探索的企业才能获得丰厚回报。系统思维的同时，知识产权管理还要注入目标管理的理念。管理首先要制定目标。企业的目的只有一个：创造顾客。既然企业的目的是创造顾客，那么企业的基本功能只能有两项：市场营销和创新。

目标管理是一种开明和民主的管理方式。不断对目标提出质疑从根本上说是试图把握不断变化的社会需求。目标管理不像安装机器一样是一个机械的过程，而是一个有机的过程，类似于培育和浇灌树木。它的运行原则是导向具体目标的自我控制。德鲁克指出，目标管理的最大优点在于它能使人们用自我控制的管理来代替受他人支配的管理，激发人们发挥最大的能力把事情做好。

2. 专业管理与分工合作的管理理念

企业只有具备了明确的目标，并且在组织内部形成紧密合作的团队才能取得成功。但在实践过程中，不同的因素妨碍了团队合作。只有对目标做出精心选择后，企业才能生存、发展和繁荣。一个发展中的企业要尽可能满足不同方面的需求，这些需求和员工、管理层、股东和顾客相联系。目标管理可以培育团队精神和改进团队合作。如果一个领域没有特定的目标，这个领域必然会被忽视。如果没有方向一致的分目标指示每个人的工作，则企业的规模越大，人员越多，专业分工越细，发生冲突和浪费的可能性就越大。

3. 高效运作与保值增值的经营理念

创新可以被定义为一项赋予人力和物质资源以更新和更强创造财富的能力的任务，管理者必须把社会的需要转变为企业的盈利机会。

三、企业知识产权管理体系

为了提高企业知识产权管理水平，充分发挥知识产权的作用，设立专门的管理部门，配置专业管理人员对企业知识产权进行系统性、综合性的管理是非常有必要的。

1. 组织设置

知识产权管理主要可以分为三大部分，一是权利生成和维护，具体包括专利申请以及维护、商标注册以及维护、商业秘密保护、版权登记等，是实现企业知识产权战略的基础；二是权利纠纷处理，主要指企业对侵权行为的调查、诉讼，以及企业应对其他企业的侵权指控等；三是知识产权资产经营，主要涉及许可、转让等知识产权贸易业务，以及作股投资、技术合作等。以上三大部分管理内容可以统一在一个部门中进行管理，也可以分别进行独立管理，例如将第一以及第三项管理内容独立出来，将第二项管理内容合并到法律事务部。

在必要时，企业设立知识产权管理委员会或者类似机构，从企业经营战略的高度对知识产权管理进行战略规划是很有必要的，管理委员会为虚拟性的常设机构，成员为各个部门的高层领导，通过汇集产品、技术、市场、财经以及人力资源等各方面的意见，形成企业长期、统一的、符合企业商业目标的知识产权战略，由上至下贯彻执行，保证知识产权管理满足企业需求，充分发挥知识产权对企业经营的推动作用。

知识产权管理部门负责贯彻执行企业知识产权战略，是知识产权管理委员会的执行机构。因此，知识产权管理的效率和效果在很大程度上取决于知识产权管理部门在企业组织架构中的位置，以及被赋予的管理职责。由于专利、商业秘密（技术秘密）以及版权（软件版权）的保护是知识产权管理的重点，商标管理工作往往是阶段性的，其管理的复杂程度和对企业其他部门资源的依赖程度远远低于对商业秘密（技术秘密）以及版权（软件版权）的管理。由于专利、商业秘密（技术秘密）以及版权（软件版权）管理工作与产品研发紧密相连，因此将知识产权管理部门纳入产品研发体系是非常有必要的。在这种情况下，专利、商业秘密以及版权管理成为产品研发体系本部门范围内的工作，在资源调配、工作配合、工

作沟通、绩效考核以及流程运作方面具有很大的便利，可以在很大程度保证知识产权管理的效率和效果。

2. 人员配置

知识产权管理人员的数量要根据企业知识产权管理的实际需求而定，少则几人，多则几百人甚至上千人。由于知识产权管理的特殊性，对管理人员的任职资格进行明确规定是完全有必要的。在知识产权管理包括了专利管理时，知识化产权管理人员应当具备与企业产品、技术相同或者相近的技术背景。同时，最好具备知识产权法律专业知识。

3. 制度建设

知识产权管理制度涉及范围十分广泛，主要集中在产权的归属、奖励机制、知识产权的运用、知识产权纠纷的处理以及知识产权教育等方面。

知识产权的归属主要是明确职务发明与非职务发明，以及确定企业在合资、合作等活动中所产生的知识产权的所有权。

奖励机制用于体现企业对员工从事技术创新活动的提倡和激励，可以设置一定数额的现金奖励或者职位奖励，同时与员工的绩效考核成绩挂钩。

知识产权的教育及培训对于减少管理上的沟通误解，提高工作上的配合程度是很有必要的，一方面知识产权教育和培训是全员性的，知识产权是每个员工所必须掌握的基本知识，另一方面需要对不同层次的员工分等级进行培训，例如针对高层员工的、针对开发人员的以及针对新员工的培训等。知识产权的教育及培训应当成为企业例行的、周期性的。

4. 管理职责

具体来讲，知识产权管理部门应当具备以下管理职责：

（1）知识产权战略规划，包括制定知识产权保护策略、制定知识产权工作计划以及监督、跟踪知识产权保护策略与工作计划实施情况等。

（2）竞争情报管理，包括搜集竞争情报、整理、分析竞争情报、竞争态势分析以及定产品、定技术、定对手、定期的竞争分析等。

（3）专利保护与管理，包括专利发掘与培育、专利申请、专利权维护以及专利管理制度的建立与实施等。

（4）版权登记管理。

（5）品牌保护与管理，包括商标设计监管、商标申请注册、商标使用策略与监管以及商标权维护等。

（6）商业秘密保护与管理，包括制定商业秘密保护制度、建立商业秘密保护措施以及商业秘密日常保护等。

（7）知识产权法律事务，包括侵权调查与纠纷处理、业务合同的知识产权评审以及技术合作中的知识产权纠纷解决等。

（8）知识产权贸易管理，包括知识产权贸易谈判、知识产权资产评估与管理以及开展许可与转让、作股投资等知识产权贸易业务。

四、知识产权管理的内容与范围

企业的知识产权管理工作主要涉及如下几个方面：

1. 竞争情报工作

竞争情报是指为了取得市场竞争优势，对竞争环境、竞争对手进行合法的情报研究，结合本企业进行量化分析对比，由此得出提高竞争力的策略和方法。情报信息的内容具体包括国内外的技术情报、市场情报、政策情报、竞争环境情报、竞争对手情报等。国内外许多企业的经验和教训表明，竞争情报是企业经营决策的基础，对企业的发展很重要。

目前，国内外许多企业已经建立了竞争情报中心或竞争情报室/处，集中、系统地负责竞争情报工作，对竞争情报进行日常搜集、整理、分析、跟踪，并根据企业需要进行定产品、定技术、定对手、定期的竞争情报分析，向企业经营、研发、销售等工作提供决策参考。但国内企业的情报工作还远没有形成体系，情报人员不固定，往往分散在不同的部门，工作内容还限于对原始资料的搜集，情报信息没有经过系统的整理和专业分析，情报获取的渠道单一，缺乏专职、专业情报人员。这样就使系统性的、有针对性的情报工作难以开展，竞争情报的作用自然也没有充分发挥出来。

由于专利文献是典型的技术情报，因此对于专利文献进行专门系统的研究是很重要的，知识产权管理部门对于专利文献的搜集分析具有专业性优势。因此，知识产权管理规模比较大的企业有必要在企业内部建立专职的竞争情报工作机构，集中、系统地负责企业的竞争情报工作，情报人员专兼结合，专职人员负责日常竞争情报的搜集、整理、综合分析和跟踪，并根据企业的需求采用专业手段进行定产品、定技术、定对手、定期的竞争情报调研和分析。兼职人员分布在各个部门，负责及时补充竞争情报资料或协助专职人员获得第一手的、零散的竞争情报资料。同时，还应建立专门的情报信息库和情报信息传播机制对情报信息进行管理，使情报信息在保密的基础上顺利、高效地传达到相关部门和人员，为企业的经营提供及时的参考。

2. 专利与版权

专利与版权的共同点是都可以对技术进行保护，专利侧重于保护技术构思或技术方案，版权侧重于保护技术的外在表现形式，如程序代码。专利与版权有机结合，可以从形式、内容两个方面对技术进行交叉、立体保护，这种保护对软件类产品尤其有效。

目前，国内多数企业的专利工作还仅限于传统的从开发完成的产品中发掘专利，专利工作依附于产品研发。由于专利从申请到获得授权有一段时间的延迟，使得专利在产品上市后还没有获得授权，起不到应有的保护作用。同时，由于专利过分依赖于具体的产品，使专利保护的范围很窄，很难对竞争对手起到大的抑制和阻碍作用，专利作为无形资产的价值也没有体现出来。

企业的专利工作应当由传统的专利附属于产品研发逐步转变为以专利牵引产品，以专利指导产品研发的状态，通过实施有效的战略专利战略，贮备本行业的战略专利，然后通过许可、转让等知识产权贸易活动为企业创造利润。

3. 商标与域名

通过实施有效的品牌战略可以提升企业形象、增强企业的市场竞争力、形成企业巨大的无形资产，国内外知名企业无一不重视以商标为主的品牌塑造。同时，一个企业的国际化发展也需要建立良好的品牌体系，只有这样才能更好地参与国际竞争，提高在国际市场上的知名度。商标与域名的注册和管理是企业实施品牌战略的基础，选择能够在国内及国外顺利获得注册的商标，制定商标使用策略，监控商标的使用防止商标弱化，塑造知名商标、驰名商标以及评估商标资产的价值等工作对于企业品牌塑造是很重要的。

4. 商业秘密

商业秘密可以说是企业最重要的资产，一个企业可以没有专利、商标和版权，但不可能没有商业秘密。商业秘密关系到企业的生死存亡，从一定意义上说，企业之间的竞争就是商业秘密的竞争。

广义的商业秘密包含了与企业经营有关的不对外公开的所有信息，如产品研发计划、市场销售计划、广告宣传计划、管理体制、薪酬体系、销售渠道、客户名单等。这些信息很容易通过员工流动、计算机网络、对外宣传交流等方式泄露出去，仅仅靠保密协议和竞业禁止协议等原则性的规定难以解决问题。

国内外很多规范化的企业都有完备的保密体系，从企业办公环境、文档、计算机网络、人员流动、客户、对外宣传等方面进行统一的保密管理。目前，国内企业对商业秘密保护相对比较薄弱，需要健全各项保密制度，对员工进行日常的商业秘密保护宣传，提高全体员工的保密意识，严格制定并落实各项保密措施，使商业秘密保护作为企业一项重要的日常性工作，从制度和保密措施进行健全，形成严密的保护体系，防患于未然。

5. 知识产权贸易

知识产权保护的根本目标是通过知识产权经营为企业创造利润，而知识产权贸易则是知识产权经营创利的实现手段。知识产权贸易包括知识产权的许可、转让、作股投资、技术合作等活动，又涉及到无形资产的评估、管理、贸易谈判等工作。

知识产权贸易涉及法律、技术在内的许多方面，专业性强，内容复杂，是企业一项长期的、持续性的工作。随着企业的国际化发展，将会在国际范围内进行知识产权贸易，管理内容会更加复杂。

6. 知识产权法律事务

知识产权法律事务是企业知识产权维护的重要方面，目的在于压制竞争对手，解决侵权纠纷，处理经常性的知识产权法律问题。在一个企业的经营过程中会有很多经营和管理业务与知识产权密切相关，如合作开发、市场销售、技术授权、投资合作、员工管理等，在这些业务中涉及了大量的知识产权问题，如果缺乏专业人员监督解决这些知识产权问题，企业难以避开风险，使企业的利益受损。

知识产权法律事务既有其法律专业性的一面，又有企业管理的成分，需要与企业的整个运作流程相切合加以规范和执行，比如在合作开发过程中涉及到合作信息的保密、开发成果的知识产权归属等问题；在市场宣传的过程中则涉及到了对外信息的保密性和准确性审核的问题；在投资合作中涉及了知识产权的技术评估、价值评估、产权界定等问题，这些问题专业性很强，对企业的经营影响很大，需要专业人员实施专业管理。

五、企业知识产权管理体系认证

1. 认证申请和受理

申请知识产权管理体系认证的组织，应当按照相关规定，向认证机构提交书面申请书及所需资料。认证机构审查符合条件的，应当予以受理，并依照有关规定实施认证活动。

2. 认证决定

认证机构完成审核后，对符合认证要求的，应向申请知识产权管理体系认证的组织出具认证证书。对不符合认证要求的，应当书面通知申请人，并说明理由。

认证机构及其认证审核人员应当对其做出的认证结论负责。

3. 获证后监督

认证机构应当对持有知识产权管理体系认证证书的组织符合认证要求的持续性，每年进行不少于一次的跟踪审查，并根据审查情况做出认证证书的保持、暂停或者撤销的决定。

第六节　计　量　认　证

《中华人民共和国计量法》中规定：为社会提供公证数据的产品质量检验机构，必须经省级以上人民政府计量行政部门对其计量检定、测试能力和可靠性考核合格，这种考核称为计量认证。计量认证是我国通过计量立法，对为社会出具公证数据的检验机构（实验室）进行强制考核的一种手段，也可以说是具有中国特点的政府对实验室的强制认可。经计量认证合格的产品质量检验机构所提供的数据，用于贸易出证、产品质量评价、成果鉴定，作为公证数据，具有法律效力。

一、实施意义

根据《中华人民共和国计量法》第二十二条规定“为社会提供公证数据的产品质量检测机构，必须经省级以上人民政府计量行政部门对其计量检定，测试的能力和可靠性考核合格。

以上规定说明：没有经过计量认证的检定/检测实验室，其发布的检定/检测报告，便没有法律效力，不能作为法律仲裁、产品/工程验收的依据，而只能作为内部数据使用。

二、认证特点

取得计量认证合格证书的产品质量检验机构，可按证书上所限定的检验项目，在其产品检验报告上使用计量认证标志，标志由 CMA 三个英文字母形成的图形和检验机构计量认证书编号两部分组成。CMA 即中国计量认证（China Metrology Accreditation）。

三、认证级别

根据《中华人民共和国计量法》，为保证检测数据的准确性和公正性，所有向社会出具公正性检测报告的质量检测机构必须获得“计量认证”资质，否则构成违法。计量认证分为“国家级”和“省级”两级。“计量认证资质”按国家和省两级由国家认证认可监督管理委员会或省质量技术监督主管部门分别监督管理。

四、评审依据

我国的计量认证行政主管部门为国家认证认可监督管理委员会。依据是《实验室资质认定评审准则》。

具体分为如下几个阶段：

（1）申请阶段，检验检测机构提出申请并提交有关材料。

（2）初查阶段（必要时进行），按规范要求帮助检验检测机构建立健全质量体系，并使之正常运行。

（3）预审阶段（必要时进行），按规范要求进行模拟评审，查找不符合项并要求整改。

（4）正式评审，主管部门组成评审组对申请认证的机构进行评审。

（5）上报、审核、发证阶段，对考核合格的检验检测机构由有关人民政府计量行政主管部门审查、批准、颁发计量认证合格证，并同意其使用统一的计量认证标志。不合格的发给考核评审结果通知书。

（6）复查阶段，检验检测机构每五年要进行到期复查，各机构应提前半年向原发证部门提出申请，申请时的材料项目须与第一次申请认证时相同。

（7）监督抽查阶段，计量行政主管部门对已取得计量认证合格证书的单位，在五年有效期内可安排监督抽查，以促进检验检测机构的建设和质量体系的有效运行。

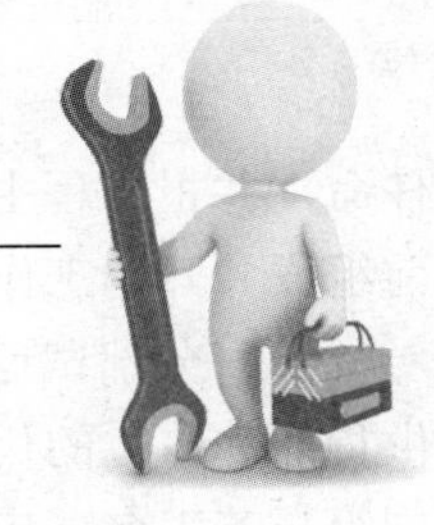

第九章　启动及竣工验收

第一节　火力发电建设工程

火力发电厂基本建设工程启动验收与竣工验收应按照《火力发电建设工程启动试运及验收规程》（DL/T 5437—2009）的规定执行。

一、概述

机组的试运一般分为分部试运（包括单机试运和分系统试运）与整套启动试运（包括空负荷试运、带负荷试运、满负荷试运）两个阶段。分系统试运和整套启动试运中的调试工作应有具有相应调试资质的单位实施。为了组织和协调好机组试运和各阶段的验收工作应成立机组试运指挥部和启动验收委员会。应在试运指挥部的领导下进行机组的试运及其各阶段的交接验收工作；机组整套启动试运准备情况、试运中的特殊事项和移交生产条件，必须由启动验收委员会进行审议和决策。启动验收委员会在机组整套启动前组成并开始工作，直到办理完机组移交生产交接签字手续后为止。

启动验收委员会（以下简称启委会）一般应由投资方、政府有关部门、电力建设质量监督中心站、项目公司、监理、电网调度、设计、施工、调试、主要设备供货商等单位的代表组成。设主任委员 1 名，副主任委员和委员若干名，主任委员和副主任委员宜由投资方任命，委员由建设单位和政府有关部门与各参建单位协商，提出组成人员名单，报工程主管单位批准。启动验收委员会的职责见《火力发电建设工程启动试运及验收规程》（DL/T 5437—2009）。

试运指挥部由 1 名总指挥和若干副总指挥与成员组成。总指挥宜由建设工程项目公司的总经理担任，并由工程主管单位任命。副总指挥和成员的人选由总指挥与工程各参建单位协商，提出任职人员名单，报工程主管单位批准。试运指挥部应下设分部试运组、整套试运组、验收检查组、生产运行组、综合管理组。根据工作需要，各组可设若干专业组，专业组成员一般由总指挥与各参建单位协商任命，并报工程主管单位备案。试运指挥部一般应从机组分部试运开始的一个月前组成并开始工作，直到办理完机组移交生产交接签字手续为止。

（1）分部试运组一般应由施工、调试、建设、生产、监理、设计、主要设备供货商等单位的代表组成，设组长 1 名，应由主体施工单位出任的副总指挥兼任，副组长若干名，应由调试、建设、监理和生产单位的副总指挥或成员担任。其职责见《火力发电建设工程启动试运及验收规程》（DL/T 5437—2009）。

（2）整套试运组一般应由调试、施工、建设、生产、监理、设计、主要设备供货商等单位的代表组成，设组长 1 名，应由调试单位出任的副总指挥兼任，副组长若干名，应由施工、建设、监理和生产单位的副总指挥担任。其职责见《火力发电建设工程启动试运及验收规程》（DL/T 5437—2009）。

（3）验收检查组一般应由建设、施工、生产、监理、设计等有关单位的代表组成，设组长 1 名，应由建设单位出任的副总指挥兼任，副组长若干名。其职责见《火力发电建设工程启动试运及验收规程》（DL/T 5437—2009）。

（4）生产运行组一般由生产单位的代表组成，设组长 1 名，副组长若干名，组长一般由生产单位出任的副总指挥担任。其职责见《火力发电建设工程启动试运及验收规程》（DL/T 5437—2009）。

（5）综合管理组一般应由建设、施工、生产等有关单位的代表组成。设组长 1 名，由建设单位出任的副总指挥兼任。其职责见《火力发电建设工程启动试运及验收规程》（DL/T 5437—2009）。

一般可在分部试运组、整套试运组、验收检查组和生产运行组下设置锅炉、汽轮机、电气、热控、化学、燃料、土建、消防、脱硫（硝）等专业组，各组设组长 1 名，副组长和组员若干。在分部试运阶段，组长由施工单位担任，副组长由调试、监理、建设、生产、设计、设备供应商担任；在整套试运阶段，组长由主体调试单位担任，副组长由施工、监理、建设、生产、设计、设备供应商担任。燃料、土建、消防和脱硫（硝）专业组的组长由该项目施工、调试的单位和建设、监理单位派人担任。验收检查组中各专业组的组长和副组长由建设、监理、生产和施工单位的人员担任。各专业组和机组试运各参建单位的职责见《火力发电建设工程启动试运及验收规程》（DL/T 5437—2009）。

机组在进行整套启动前，应由电力建设质量监督中心站进行质量监督评价。火电建设工程机组的保修期，为移交生产后 1 年。

二、分部试运

分部试运从高压厂用母线受电开始至整套启动试运开始为止。包括单机试运和分系统试运两部分。单机试运是指为检验该设备状态和性能是否满足其设计要求的单台辅机的试运行；分系统试运是指为检验设备和系统是否满足设计要求的联合试运行。分部试运应具备如下条件：

（1）单机试运和分系统试运计划、试运调试措施已经审批并正式下发。

（2）各项试运管理制度和规定以及调试大纲已经审批发布执行。

（3）相应的建筑和安装工程已经完工，并已按电力行业有关电力建设施工质量验收规范验收签证，技术资料齐全。

（4）一般应具备设计要求的正式电源。

（5）试运指挥部及其下属机构已成立，组织落实，人员到位，职责分工明确。

（6）分部试运涉及的单体调试已完成，并经验收合格，满足试运要求。

分部试运由施工单位组织，在调试和生产等有关单位的配合下完成。分部试运中的单机试运由施工单位负责完成，分系统试运由调试单位负责完成。

单机试运条件检查确认表由施工单位准备，系统试运条件检查确认表由调试单位准备，单体校验报告和分部试运记录由实施单位负责整理和提供。分部试运项目试运合格后，一般应由施工、调试、监理、建设、生产等单位办理质量验收签证。

对于合同规定由设备供货商或其他承包商承担的调试项目，必须有建设单位组织施工、生产、监理、设计等单位检查验收合格。与电网调度管辖有关的设备和区域在受电完成后，必须立即由生产单位进行管理。

对独立或封闭区域的建筑、安装完工且系统试运已经全部完成，并已办理签证的在施工、调试、监理、建设、生产等单位办理完代保管手续后，可由生产单位保管，代管期间的施工缺陷由施工单位消除，其他缺陷由建设单位组织相关单位完成。

三、整套启动试运

整套启动试运阶段从炉、机、电等第一次联合启动时锅炉点火开始，到完成满负荷试运移交生产为止。整套启动试运应具备如下条件：

（1）试运指挥部及各组人员已全部到位，职责分工明确，各参建单位参加试运值班的组织机构与联系方式已上报试运指挥部并公布，值班人员已上岗。

（2）建筑、安装工程验收合格，满足试运要求；厂区外与市政、公交、航运等有关的工程已验收交接，能满足试运要求。

（3）必须在整套启动试运前完成的分部试运项目已全部完成，并已办理质量验收签证，分部试运技术资料齐全。主要检查项目有：

1）锅炉、汽轮机（燃气轮机）、电气、热控、化学五大专业的分部试运完成情况。

2）机组润滑油、控制油、变压器油的油质及SF_6气体的化验结果。

3）空冷系统严密性试验、发电机风压试验结果。

4）发电机封闭母线微正压装置投运情况。

5）保安电源切换试验及必须运行设备保持情况。

6）热控系统与装置电源的可靠性。

7）通信、保护、安全稳定装置、自动化和运行方式与并网条件。

8）储煤和输煤系统。

9）除灰和除渣系统。

10）脱硫、脱硝系统和环保检测设施等。

（4）整套启动试运计划、重要调试方案与措施已经总指挥批准，并已组织相关人员学习，完成安全和技术交底，首次启动曲线已在主控室张挂。

（5）试运现场的防冻、采暖、通风、照明、降温设施已能投运，厂房和设备间封闭完整，所有控制室和电子间温度可控，满足试运要求。

（6）试运现场安全、文明主要检查项目：

1）消防和电梯已经验收合格，临时消防器材准备充足且摆放到位。

2）电缆和盘柜防火封堵合格。

3）现场脚手架已拆除，道路畅通，沟道和孔洞盖板齐全，楼梯和步道扶手、栏杆齐全且符合安全要求。

4）保温和油漆完整，现场整洁。

5）试运区域与运行或施工区域已安全隔离。

6）安全和治安保卫人员已上岗到位。

7）现场通信设备通信正常。

（7）生产单位已做好各项运行准备，应主要检查的项目有：

1）启动试运需要的燃料（煤、油、气）、化学药品、检测仪器及其他生产必须品已备足和配齐。

2）运行人员已全部持证上岗到位。

3）运行规程、系统图表和各项管理制度已颁布并配齐，在主控室有完整放置。

4）运行必须的操作票、工作票、专用工具、安全工器具、记录表格、值班用具、备品配件等已齐全。

5）试运设备、管道、阀门、开关、保护压板、安全标识牌等标识齐全。

（8）试运指挥部的办公器具已备齐，文秘和后勤服务等项工作已经到位，满足试运要求。

（9）配套送出的输变电工程满足机组满发送出的要求。

（10）已满足电网调度提出的各项并网要求，主要检查项目有：

1）并网协议、并网调度协议和购售电合同已签订，发电量计划已经批准。

2）调度管辖范围内的设备安装和试验已全部完成并已报竣工。

3）与电网有关的设备、装置及并网条件检查已完成。

4）电气启动试验方案已报调度批准，调度启动方案已正式下发。

5）整套启动试运计划已报调度同意。

（11）电力建设质量监督中心站已按有关规定对机组整套启动试运前进行了监检，提出的必须整改的项目已经整改完毕，确认同意进入整套启动试运阶段。

（12）启委会已经成立并召开了首次全体会议，听取并审议了关于整套启动试运准备情况的汇报，并做出准予进入整套启动试运阶段的决定。

整套试运按空负荷、带负荷、满负荷三个阶段进行。

（1）空负荷试运一般包括下列内容：

1）锅炉点火，按启动曲线进行升温、升压，投入汽轮机旁路系统。

2）系统热态冲洗，空冷岛冲洗（对于空冷机组）。

3）完成汽轮机空负荷试验。机组并网前，完成汽轮机 OPC 试验和电超速保护通道试验并投入保护。

4）按启动曲线进行汽轮机启动。

5）完成电气并网前试验。

6）完成机组并网试验，带初负荷和暖机负荷运行，达到汽轮机制造商要求的暖机参数和暖机时间。

7）暖机结束后，发电机与电网解列，立即完成汽轮机阀门严密性试验和机械超速试验；完成汽轮机维持真空工况下的惰走试验。

8）完成锅炉蒸汽严密性试验和膨胀系统检查、锅炉安全门校验（对超临界及以上参数机组，主蒸汽系统安全门校验在带负荷阶段完成）和本体吹灰系统安全门校验。

9）对于燃气–蒸汽联合循环机组，空负荷试运一般包括：机组启动装置投运试验，燃气轮机首次点火和燃烧调整，机组轴系振动检测，并网前的电气试验，以及余热锅炉和主汽管道的吹管等。

（2）带负荷试运一般包括下列内容：

1）机组分阶段带负荷直到带满负荷。

2）完成规定的调试项目和电网要求的涉网特殊试验项目。

3）按要求进行机组甩负荷试验，测取相关参数。

4）对于燃气–蒸汽联合循环机组，带负荷试运一般包括燃机燃烧调整、发电机假同期试验、发电机并网试验、低压主蒸汽切换试验、机组超速保护试验、余热锅炉安全门校验等规定的调试项目和电网要求的涉网特殊试验项目。

5）在条件许可的情况下，宜完成机组性能试验项目中（锅炉燃机）最低负荷稳燃试验、自动快减负荷（RB）试验。

（3）满足以下要求后，机组才能进行满负荷试运：

1）发电机达到铭牌额定功率值。

2）燃煤锅炉已断油，具有等离子点火装置的等离子装置已断弧。

3）低压加热器、除氧器、高压加热器已投运。

4）静电除尘器已投运。

5）锅炉吹灰系统已投运。

6）脱硫、脱硝系统已投运。

7）凝结水精处理系统已投运，汽水品质已合格。

8）热控投入保护率100%。

9）热控自动装置投入率不小于 95%、热控协调控制系统已投入，且调节品质基本达到设计要求。

10）热控测点/仪表投入率不小于98%，指示正确率分别不小于97%。

11）电气保护投入率100%。

12）电气自动装置投入率100%。

13）电气测点/仪表投入率不小于98%，指示正确率分别不小于97%。

14）满负荷试运进入条件已经各方检查确认签证、总指挥批准。

15）连续满负荷试运已报请调度部门同意。

同时满足下列要求后，即可宣布和报告机组满负荷试运结束。

（1）机组保持连续运行。对于300MW及以上的机组，须连续完成168h满负荷试运行；对于300MW以下的机组一般分为72h和24h两个阶段进行，连续完成72h满负荷试运行后，停机进行全面的检查和消缺，消缺完成后再开机，连续

完成 24h 满负荷试运行，如果无必须停机消缺的缺陷，亦可连续运行 96h。

（2）机组满负荷试运期的平均负荷率应不小于 90%额定负荷。

（3）热控保护投入率 100%。

（4）热控自动装置投入率不小于 95%、热控协调控制系统投入，且调节品质基本达到设计要求。

（5）热控测点/仪表投入率不小于 99%，指示正确率分别不小于 98%。

（6）电气保护投入率 100%。

（7）电气自动装置投入率 100%。

（8）电气测点/仪表投入率不小于 99%，指示正确率分别不小于 98%。

（9）汽水品质合格。

（10）机组各系统均已全部试运，并且满足机组连续稳定运行的要求，机组整套启动试运调试质量验收签证已完成。

（11）满负荷试运条件已经多方检查确认签证、总指挥批准。

达到满负荷试运要求的机组，由总指挥宣布机组试运结束，并报告启委会和电网调度部门，机组移交生产单位管理，进入考核期。

由于电网或非施工和调试原因，机组不能带满负荷时，由总指挥上报启委会决定 168h 试运机组应带的最大负荷。

机组在满负荷试运期间，电网调度部门应按照满负荷试运要求安排负荷，如果因特殊原因不能安排连续满负荷运行，机组可按调度负荷要求连续运行，直到试运结束。

整套启动试运的调试项目和顺序，可根据工程和机组的实际情况，由总指挥确定。个别调试或试验项目经总指挥批准后也可在考核期内完成。

环保设施随机组试运同时投入。

四、机组的交接验收与考核期

1. 机组的交接验收

机组满负荷试运结束时，应进行各项试运指标的统计汇总和填表，办理机组整套启动试运阶段的调试质量验收签证。机组满负荷试运结束后应召开启委会会议，听取并审议整套启动试运和交接验收工作情况的汇报，以及施工尾工、调试未完成项目和遗留缺陷的工作安排，作出启委会决议，办理移交生产的签字手续。机组移交生产后一个月内，应由建设单位负责，向参加交接签字的各单位报送一份机组移交生产交接书。

2. 机组的考核期

机组的考核期自总指挥宣布机组试运结束之时开始计算，时间为6个月。在考核期内，机组的安全运行和正常维修管理由生产单位全面负责，工程各参建单位应按照启委会的决议和要求，在生产单位的组织协调和安排下，继续全面完成机组施工尾工、调试未完成项目和遗留缺陷工作。涉网试验和性能试验合同单位，应在考核期初期全面完成各项试验工作。生产单位应在移交生产时的水平上，继续维护和保持或进一步提高自动调节品质和保护、自动、测点/仪表的投入和正确率。全面考核机组的各项性能指标和技术指标。

涉网试验一般包括：

（1）发电机定子绕组端部振动特性分析。

（2）发电机定子绕组端部表面电位测量。

（3）发电机转子通风孔检查试验。

（4）发电机进相试验。

（5）接地电阻测试。

（6）变压器耐压试验。

（7）变压器变形试验。

（8）PSS功能整定试验。

（9）发电机励磁系统相频、幅频特性试验。

（10）励磁系统负载阶跃试验。

（11）励磁系统的静差率测试试验。

（12）发电机空载阶跃响应试验。

（13）系统电抗*Xe*计算试验。

（14）发电机调差系数整定试验。

（15）发电机励磁系统灭磁试验。

（16）机组AGC功能试验。

（17）机组一次调频试验。

（18）汽轮机调速系统动态参数测试。

机组的全部性能试验一般包括：

（1）锅炉热效率试验。

（2）锅炉最大出力试验。

（3）锅炉额定出力试验。

（4）锅炉断油最低稳燃出力试验。

（5）制粉系统出力试验。
（6）磨煤单耗试验。
（7）空气预热器漏风率试验。
（8）除尘器效率试验。
（9）汽轮机最大出力试验。
（10）汽轮机额定出力试验。
（11）机组热耗试验。
（12）机组供电煤耗试验。
（13）机组厂用电率测试。
（14）汽轮发电机组轴系振动试验。
（15）机组 RB 功能试验。
（16）机组污染物排放测试。
（17）机组噪声测试。
（18）机组散热测试。
（19）机组粉尘测试
（20）脱硫效率测试。
（21）脱硝效率测试。
（22）燃机联合热效率试验。
（23）燃机联合最大出力试验。
（24）燃机额定出力试验
（25）燃机联合热耗试验。
（26）燃机供电气耗试验。

机组的各项性能指标和技术指标一般包括：

（1）机组等效可用系数。
（2）机组非计划停运次数。
（3）机组汽水品质。
（4）汽轮发电机组轴振。
（5）汽轮机真空严密性。
（6）发电机漏氢量。
（7）机组供电煤（气）耗与厂用电率。
（8）机组补水率。
（9）热控自动投入率。

（10）监测仪表投入率。

（11）保护投入率。

（12）除尘器投入率。

（13）高压加热器投入率。

（14）主蒸汽温度和再热蒸汽温度。

（15）燃机温度。

（16）排烟温度。

（17）吹灰器可投用率。

（18）脱硫和脱硝装置投入率和运行指标。

考核期内机组的非施工问题，应由建设单位组织责任单位或有关单位进行处理，责任单位应承担经济责任。

考核期内，由于非施工和调试原因，个别设备或自动、保护装置仍不能投入运行，应由建设单位组织有关单位提出专题报告，报上级主管单位研究解决。

电网调度部门应在电网安全许可的条件下，安排满足机组消缺、涉网试验和性能试验需要的启停和负荷变动。

各项性能试验完成后，建设单位应组织完成机组达标自检，工程主管单位应组织完成机组达标预检，复检单位组织完成复检。工程主管单位也根据机组的实际情况，将预检和复检合并进行。

五、工程的竣工验收

新建、扩建、改建的火力发电工程，已经按照批准的设计文件所规定的内容全部建成，在本期工程的最后一台机组考核期结束，完成行政主管部门组织的各专项验收且竣工决算审定后，由建设单位按照规定申请组织工程竣工验收。

第二节 送变电基本建设工程

凡 110kV 及以上的各类新建送变电工程的启动及竣工验收，均须按照《10kV 及以上送变电工程启动及竣工验收规程》（DL/T 782—2001）的规定执行。规模很小的工程和 110kV 以下送变电工程的启动验收可参照执行。国外成套设备进口的工程还应按合同的规定进行启动及竣工验收。110kV 及以上送变电建设工程移交生产运行前，必须进行启动和竣工验收。送变电工程的启动验收是全面检查工程

的设计、设备制造、施工、调试和生产准备的重要环节，是保证系统及设备能安全、可靠、经济地投入运行，并发挥投资效益的关键性程序。

110kV 及以上送变电工程的启动试运行和工程的竣工验收必须以批准的文件、设计文件、国家及行业主管部门颁发的有关送变电工程建设的现行标准、规范、规程和法规为依据。工程质量应按有关的工程质量验收标准进行考核。

凡是新（扩、改）建的送变电工程项目的质量必须经过电力建设质量监督机构审查认可，否则严禁启动试运。

经过启动验收合格的送变电工程，应及时办理固定资产交付使用的手续。

一、启动及竣工验收工作的组织

110kV 及以上送变电工程的启动验收，一般由建设项目法人或省（直辖市、自治区）电力公司主持。跨省区工程由工程所在电网公司授权的区域公司主持。跨大区工程、特别重要工程由电网公司或报请国家主持验收，由主持单位组织成立工程启动验收委员会（以下简称启委会）进行工作。

启委会一般由投资方、建设项目法人、省（直辖市、自治区）电力公司有关部门、运行、设计、施工、监理、调试、电网调度、质量监督等有关单位代表组成，必要时可邀请主要设备的制造厂参加。启委会设主任委员 1 名、副主任委员和委员若干名，由建设项目法人与有关部门协调，确定组成人员名单。

启委会必须在送变电工程投运前根据工作需要尽早组成并开始工作，直到办理完竣工验收移交生产手续为止。启委会下设启动试运指挥组、工程验收检查组。启动试运指挥组一般由建设、调度、调试、运行、施工安装、监理等单位组成。设组长 1 名，副组长 2 名（调度、调试单位各 1 名），由启委会任命。工程验收检查组由建设、运行、设计、监理、施工、质量监督等单位组成。设组长 1 名，由工程建设单位出任；副组长 1 名，由运行单位出任，由启委会任命。

二、工程竣工验收检查

（1）工程竣工验收检查是在施工单位进行三级自检的基础上，由监理单位进行初检。初检后由建设单位会同运行、设计等单位进行预检。预检后由启委会工程验收检查组进行全面的检查和核查，必要时进行抽查和复查，并将结果向启委会报告。

（2）电力建设监督站按职责对重点监督项目进行监督检查，出具质量监督报告，并向电力建设质量中心站提出质量监督检查申请，由电力建设质量中心站实施工程质量监督检查，对工程总体质量作出评价意见，出具质量监督检查报告。

（3）每次检查中发现的问题在每个阶段中加以消缺，消缺之后要重新检查。工程启动之前，启委会要对工程质量是否具备启动条件作出决定，在启动进行调试和试运行期间出现的问题要责令消除，对工程遗留问题启委会还要逐一记录在案，明确限期完成的单位和完成的日期。

三、工程带电启动应具备的条件

（1）由试运指挥组提出的工程启动、系统调试、试运方案已经启委会批准；调试方案已经调度部门批准；工程验收检查组已向启动验收委员会报告，确认工程已具备启动带电条件；工程质量监督机构已对工程进行检查，已有认可文件。

（2）变电站启动带电必须具备的条件。

1）变电站生产运行人员已配齐并已持证上岗，试运指挥组已将启动调试试运方案向参加试运人员交底。

2）生产运行单位已将所需的规程、制度、系统图表、记录表格、安全用具等准备好，投入的设备已有调度命名和编号，已向调度部门办理新设备投运申请。

3）投入系统的建筑工程和生产区域的全部设备和设施，变电站的内外道路、上下水、防火、防洪工程等均已按设计完成并经验收检查合格。生产区域的场地平整，道路畅通，影响安全运行的施工临时设施已全部拆除，平台栏杆和沟道盖板齐全、脚手架、障碍物、易燃物、建筑垃圾等已经清除，带电区域已设明显标志。

4）电气设备的各项试验全部完成且合格，有关记录齐全完整。带电部位的接地线已全部拆除，所有设备及其保护（包括通道）、调度自动化、安全自动装置、微机监控装置以及相应的辅助设施均已安装齐全，调试整定合格且调试记录齐全。验收检查发现的缺陷已经消除，已具备投入运行条件。

5）各种测量、计量装置、仪表齐全，符合设计要求并经校验合格。

6）所用电源、照明、通信、采暖、通风等设施按设计要求安装试验完毕，能正常使用。

7）必须的备品备件及工具已备齐。

8）运行维护人员必须的生活福利设施已经具备。

9）消防设施齐全，并经验收合格，能投入使用。

（3）送电线路启动带电必须具备的条件。

1）承担线路启动试运行及维护的人员已配齐并持证上岗，试运指挥组已将启

动调试试运方案向参加启动试运人员交底。

2）线路的杆塔号、相位标志和设计规定的有关防护设施等已经检查验收合格，影响安全运行的问题已处理完毕。

3）线路上的障碍物与临时接地线（包括两端变电站）已全部拆除。

4）已确认线路上无人登杆作业，危及人身安全和安全运行的一切作业均已停止，已向沿线发出带电运行通告，并已做好启动试运前的一切检查维护工作。

5）按照设计规定的线路保护（包括通道）和自动装置已具备投入条件。

6）送电线路带电前的试验（线路绝缘电阻测定、相位核对、线路参数和高频特性测定）已完成。

7）维护人员必须的生活福利设施及交通工具已按规定配备。

8）线路带电期间的巡视人员已上岗，并已准备好抢修的手段。

9）线路工程的各种图纸、资料、试验报告等齐全、合格。运行所需的规程、制度、档案、记录及各种工器具、备品备件准备齐全。

四、工程的带电启动调试和试运行

（1）启委会确认工程已具备带电启动条件后，由启委会下达工程启动带电运行命令。由试运指挥组实施启动和系统调试计划。按批准的调试方案和调度方案进行系统调试直至完成。

（2）变电站的启动试运行。

1）启动试运行按照启动试运方案和系统调试大纲进行，系统调试完成后经连续带电试运行时间不应少于 24h。对新主变压器进行 5 次空载冲击合闸试验（如在系统调试时已经进行，则此时不必重复进行）。变电站的启动试运行宣告结束。

2）试运行完成后，应对各项设备做一次全面检查，处理发现的缺陷和异常情况。对暂时不具备处理条件而又不影响安全运行的项目，由启动验收委员会决定负责处理的单位和完成时间。

3）由于设备制造质量缺陷，不能达到规定要求，由建设项目法人或总承包商通知制造厂负责消除设备缺陷，施工单位应积极配合处理，并作记录。

4）试运行过程中，应对各项运行数据和设备的运行情况作出详细记录。由调试指挥组写出试运行报告。

（3）送电线路的启动试运行。

1）系统调试完成后经连续带电试运行时间不少于 24h，并对线路以额定电压冲击合闸 3 次（如冲击合闸在系统调试时已做，试运行不必重复进行），线路的启动试运行宣告结束。

2）试运行完成后，如发现线路存在缺陷和异常情况，要组织人员进行消缺处理，并记录在案。

五、工程的移交

（1）工程完成启动、调试、试运行和竣工验收检查后，由启委会决定办理工程向生产运行单位移交。工程在正式移交前，试运行后，工程由启委会明确由生产运行单位负责运行管理，变电站和线路的安全保卫工作即由生产运行单位负责。

（2）工程的移交由启委会办理启动竣工验收证书，按证书的内容，签定启委会鉴定书和移交生产运行交接书，列出工程遗留问题处理清单，明确移交的工程范围、专用工器具、备品备件和工程资料清单。

（3）工程资料的移交。

1）施工单位在试运行后 1 个月内移交完毕。工程启动带电前需移交的部分应提前移交。施工单位移交的资料由建设项目法人（建设单位）根据需要向有关单位分发。移交的资料包括设计文件、设计变更、电缆清册、设备产品资料、合格证、工厂产品试验检验记录、工程材料质量证明及检验记录、工程质量检查及缺陷处理记录、隐蔽工程检查记录、设备安装调试记录、试验报告、由施工单位负责办理的全部协议文件等，并由施工单位提供竣工图纸（设计单位配合，如合同另有约定，按合同约定执行）。

2）工程监理单位在试运行完成后 1 个月内移交全部监理认可文件。

3）系统调试单位在试运行完成后 1 个月内提供系统调试方案、调试报告和试运行报告。

4）设备监造单位提交全部监造工作报告和有关文件。

5）按国家和电力行业规定，在工程竣工验收后应将整个工程有关资料建立工程档案。

第三节　工　程　总　结

一、专题性技术总结

在工程建设中，参建单位在承建工程竣工后，为更好地发挥新建工程的借鉴

作用，不断提高本公司技术管理水平，均应有专题性技术总结。

专题性技术总结由各施工、调试单位负责编制，应主要包括以下内容：

1. 工程概况

（1）建设规模与设计、施工分工情况。

（2）厂址及厂区布置。

（3）主要设备概况：主要写锅炉、汽轮机、发电机、主变压器的生产厂家、型号、参数及主要设备的质量和外形尺寸。主要设备的质量和外形尺寸见表 9–1。

表 9–1　　主要设备的重量和外形尺寸

序号	名　　称	质量（kg）	外形尺寸（mm）	备注
1	汽包			
2	各大板梁			
3	发电机定子			
4	除氧器			
5	除氧水箱			
6	凝汽器壳体			
7	各台高压加热器			
8	各台低压加热器			
9	低压转子			
10	各低压外缸（上、下）			
11	高压转子			
12	高压外缸（上、下）			
13	中压转子			
14	中压外缸（上、下）			
15	主变压器			

（4）主要工艺系统概况。

（5）主要工程量：见表 9–2。

表 9–2　　主 要 工 程 量

序号	名　称	数量	备注
一	建筑工程规模		
1	土方开挖总量	万 m^3	
2	混凝土总量	万 m^3	
3	钢筋	万 t	
4	钢结构	万 t	
二	安装工程量		
1	汽轮机部分		
2	锅炉部分		
	其中：每层钢结构	重量/件数	
3	运煤部分		
4	除灰、渣部分		
5	电厂化学部分		
6	水工部分		
7	废水部分		
8	电气部分		
9	电缆	km	
10	热工自动控制部分		
11	系统继电保护、远动、通信部分		

（6）工程临建布置情况（包括总平面布置）。

（7）里程碑计划及主要节点计划，要求列出实际进度和计划进度的对照情况。

（8）试运指标情况。

（9）附图表。

要求提供锅炉总图、施工总平面布置图等，尽量利用图表、照片等。

2. 工程管理

（1）策划与实施：对机构设置、人员配置等方面的策划、项目管理策划、实施过程及结果进行概括、比较、分析，为后续项目策划与实施提供借鉴。

（2）质量、环境、职业健康安全管理体系等体系的建立与运转：业主方面管理模式和特点，项目工地结合合同规定和业主、监理的要求编制相应的QES等体系文件及其他管理制度，QES等体系运行情况，QES等体系运行中的问题及改进建议。

（3）人力资源管理：计划数与实际数进行比较。

（4）机械配置与管理：自有机械，租赁机械、外包机械。

（5）计划管理：里程碑计划及主要节点实际完成时间；运用统计技术对项目实施过程中重大项目的调整进行综合分析总结。

（6）技术管理：工程施工技术管理的策划与实施及经验与问题和处理；与设计、监理技术问题的协调与处理；施工过程中采用的新技术、新工艺、新材料、新装备、新流程的名称；施工（包括设备）中出现的问题、处理方法及建议；科技成果创新、合理化建议情况。

（7）质量管理：质量管理策划、经验、建议；质量问题处理方法，质量通病防治情况。

（8）安全管理：安全目标完成情况；安全设施投入情况及效果；安全管理成功经验；工程中出现的安全问题及解决方法、效果等。

（9）文明施工：现场文明施工的策划、经验，实施过程及效果分析。

（10）物资管理：包括甲方供给材料、自购材料、消耗性材料（氧气、乙炔、焊材）消耗数量；物流管理。

（11）租赁材料：租赁材料的规格、数量。

（12）降低施工成本的措施。

（13）试运情况：调试的组织与协调、特色调试方案、调试工期、发生问题的分析及处理方法等。

（14）专业组织管理：分建筑、锅炉、汽轮机（包括外包焊接）、电气、热控、焊接、加工场（包括外包焊接）、防腐保温编写。内容包括人员安排、设备到货晚采取的措施、防止二次污染、施工交叉、各专业接口、地方关系协调的经验等。

3. 技术总结

要求涵盖所有重要工程项目，重点写主要方案的实施（包括大件吊装图片）、施工过程中出现的问题及解决办法、施工经验教训与体会及较详细介绍施工过程中采用的新技术、新工艺、新材料、新装备、新流程。

（1）建筑专业，重点是主厂房建筑、烟囱、水塔、输煤、干煤棚、煤仓、地基处理、空冷柱。

（2）锅炉专业，重点是大板梁、锅炉受热面安装、汽包安装、磨煤机安装、风机安装、锅炉水压、酸洗、整体风压试验、输煤系统安装、电除尘安装、脱硫装置安装、脱硝装置安装。

（3）汽轮机专业，重点写发电机定子就位、除氧器、汽轮发电机本体、四大管道、空冷岛安装、吹管。

（4）电气专业，重点写主变压器安装、倒送厂用电等。

（5）热控专业。

（6）焊接专业，重点写锅炉受热面和四大管道焊接。

（7）起重运输专业：重点写机械的拆装，大件运输卸车。

（8）防腐保温专业。

（9）检测与试验：无损检测与土建试验情况。

技术总结的内容应不限于上述给定的参考条目，对于施工过程中感受颇深、值得总结的项目，均应大力挖掘。

二、全工程总结

全工程总结可在本期工程的最后一台机组移交后，由建设单位组织着手进行，总结工作应指定专人负责。

全工程总结编制一般应包括以下内容：

（1）发电厂的建设情况：

1）工程概况、规模。

2）建设、设计、施工、生产准备各单位的情况，承担任务的范围、机构设置、人员和现场情况等。

3）工程建设过程的主要进度，进点、前期准备、开工、土建交付安装、各台机组投产时间等，建设进度、合同计划提前或拖后的原因，造成尾工的原因和解决措施。

4）各台机组投产后安全、满发、经济运行状况；有否有永久缺陷及消缺措施；热效率等各项技术经济指标是否达到设计要求。

5）千瓦建设造价是否超概算，节、超的原因。

6）对电厂建设的总评价。

（2）电厂建设中，从施工组织上、技术上、管理方面采取了哪些主要措施，可供借鉴的经验教训、改进意见和建议。

1）采用了哪些新装备、新材料、新工艺、新技术、新流程及经济效果。

2）对搞好前期及施工前准备工作，以及加强建设单位工作和现场领导有什么经验教训。

3）对搞好质量、安全采取什么措施和经验教训。

4）对加强经济核算和综合平衡采取什么措施及经验教训。

5）对搞好施工计划和综合平衡采取什么措施及经验教训。

（3）主机组及各公用系统分别的主要工作量、劳力安排及劳动生产率。主机组及各公用系统分别的主要工作量、劳力安排及劳动生产率，如土方（挖填）、混凝土（其中预制预应力构件的分布）、钢筋、模板、结构吊装件数及重量，粉刷、厂外永久铁路，厂区内外沟道、汽轮机、电气、锅炉辅机台数、设备总重，加工配置总重，管道重量，电缆长度等，主机组、主要辅机、设备及管道等工程量和耗工量可附表列出。

（4）建设过程的主要进度：

1）前期：可行性研究、计划任务书、初步设计的提出和批准时间、工程列入年度计划与建设单位成立时间。

2）施工准备：施工组织设计提出和批准时间，征地批准日期，场地平整起始时间，施工道路、铁路、电源、水源、通信的设计完成，开始施工和交付使用时间，生产、生活临建项目、面积，开工和交付使用时间，混凝土开始浇灌、打桩与完成时间。

3）施工阶段：主厂房开始挖土、浇灌混凝土、框架开始吊装、封闭的时间，各台机组锅炉框架等交付时间，锅炉大件组合、吊装、水压、酸洗、点火冲管、磨煤机台板、送风、引风机、回转空气预热器、汽轮机台板就位，电气除尘器安装、高、中、低压缸扣大盖，油循环（附耗油量及质量评价），汽轮机冲转，发电机漏氢试验、启动试验日期，倒送厂用电，发电机并网、带负荷 72h（168h）运转，移交生产日期，铁路、煤、水、灰、化水、厂用电、升压站各主要工序等公用系统土建开工，交付安装、试运行和投入运行时间。

4）试运行阶段：分部试运起止日期，整套启动及时间。

5）竣工阶段：各台机组移交生产后的遗留项目的统计、土建开工、交付安装和使用的时间。

（5）投资、建筑、安装工程量情况：每年分季度完成的投资、建筑、安装工程量情况。

（6）设计变更情况：设计变更主要情况和原因分析，属于设计原因的变更项目数量及其主要项目的简单介绍。

（7）设备到现场返修情况和造成的损失：设备运到施工现场后的设备制造、运输缺陷及进行返修的情况和造成的损失情况。

（8）重大质量事故情况：施工重大质量事故的情况。

（9）施工过程中的设备人身安全事故情况：施工中发生的人身安全和机械设备事故情况。

（10）材料耗用情况：耗用材料情况，其中钢材、木材、水泥三大材料耗用量，主要材料耗用量，各种钢材、钢筋耗用量。

（11）施工机械：主要施工机械配备、名称、规格数量、机械设备水平。

（12）商务合同执行情况及索赔情况。

（13）工程照相：包括工程建设过程中主要项目及签证、验收、交接相片。

第四节　工程质量回访

为了进一步贯彻基本建设“质量第一”和“为生产服务”的方针，总结生产实践中暴露出的问题，为今后的工程施工提供借鉴，应进行质量回访。

新投产火电工程的质量回访应在机组投产一周年后进行，一般应由施工单位的领导、有关部门负责人和项目经理及工程技术人员组成工程质量回访小组进行工程质量回访，在回访结束后 15 天内编制出工程质量回访报告，发送业主和施工单位的有关部门。

220kV 重要线路和 220kV 以上的送变电工程，在投产运行一年后，设计单位应进行回访，并写出回访报告。对于运行情况及存在的问题，应以生产单位为主，设计单位和施工单位参加，编写工程总结，以利于改进工作。

第十章　科技成果与专利知识

第一节　科　技　成　果

科技成果是指由法定机关（一般指科技行政部门）认可，在一定范围内经实践证明先进、成熟、适用，能取得良好经济、社会或生态环境效益的科学技术成果，其内涵与知识产权和专有技术基本相一致，是无形资产中不可缺少的重要组成部分。

一、基本特征

（1）新颖性与先进性：没有新的创见、新的技术特点或与已有的同类科技成果相比较为先进之处，不能作为新科技成果。

（2）实用性与重复性：实用性包括符合科学规律、具有实施条件、满足社会需要。重复性是可以被他人重复使用或进行验证。

（3）应具有独立、完整的内容和存在形式，如新产品、新工艺、新材料以及科技报告等。

（4）应通过一定形式予以确认：通过专利审查、专家鉴定、检测、评估或者市场以及其他形式的社会确认。

中国科学院在《中国科学院科学技术研究成果管理办法》中把“科技成果”定义为：某一科学技术研究课题，通过观察试验和辩证思维活动取得的，并经过鉴定具有一定学术意义或实用意义的结果。

“科技成果”一词频繁地被人们所使用，并且也出现在有关科技成果管理方面的政策法规上，然而对该词却没有明晰统一的认识，从而造成了很多问题。“科技成果”一词是具有中国特色的一个词，它是从“科学”一词演化来的，在计划经济时期、市场经济初期、市场经济成熟期以及加入 WTO 后，它的内涵均有所不同。在新的时期，为了明确认识，把“科技成果”分解为“科学成果”和“技术成果”两部分，并把“软科学成果”排除在“科技成果”的范围之外。

二、科技成果鉴定

1. 目的

科技成果鉴定是评价科技成果质量和水平的方法之一，它可以鼓励科技成果通过市场竞争，以及学术上的百家争鸣等多种方式得到评价和认可，从而推动科技成果的进步、推广和转化。

2. 方式

（1）会议鉴定：根据电力行业的特点全部采用的是会议鉴定。对鉴定项目进行现场考察、测试，经过讨论答辩后对科技成果作出评价。具体要求如下：

会议鉴定的鉴定委员会由七至十五名同行专家组成。聘请专家的要求是：专家必须学风严谨、具有高级技术职称、专家不能是成果完成人。各申请鉴定项目必须有鉴定委员会推荐人员名单一份与鉴定材料同时报科技司。

（2）函审鉴定。

（3）申请科技成果鉴定的项目应符合下列条件：

1）完成合同的约定或者计划任务书规定的任务要求，项目已正式使用半年以上。

2）不存在科技成果完成单位或者人员名次排列异议和权属方面的争议。

3）技术资料齐全，并符合有关标准和规范。

4）经科技部认定的科技信息机构出具的查新结论报告。

3. 范围

列入政府或上级的科技计划（以下简称科技计划）内的应用技术成果，以及少数科技计划外的重大应用技术成果。

违反国家法律、法规规定，对社会公共利益或者环境和资源造成危害的项目，不受理鉴定申请。正在进行鉴定的，应当停止鉴定，已经通过鉴定的，应当撤消。

下列科技成果不组织科技成果鉴定：

（1）基础理论研究成果。

（2）软科学研究成果。

（3）已转让实施的应用技术成果。

（4）企业、事业单位自行开发的一般应用技术成果。

（5）国家法律、法规规定，必须经过法定的专门机构审查确认的科技成果。

4. 内容

（1）是否完成合同或计划任务书要求的指标。

（2）技术资料是否齐全完整，并符合规定。

（3）应用技术成果的创造性、先进性和成熟程度。

（4）应用技术成果的应用价值及推广的条件和前景。

（5）存在的问题及改进意见。

鉴定结论不写明“存在问题”和“改进意见”的，应退回重新鉴定，予以补正。

组织鉴定单位和主持鉴定单位应当对鉴定结论进行审核，并签署具体意见。鉴定结论不符合有关规定的，组织鉴定单位或者主持鉴定单位应当及时指出，并责成鉴定委员会或者检测机构、函审改正。

经鉴定通过的科技成果，由组织鉴定单位颁发《科学技术成果鉴定证书》。

5. 程序

审查各单位报来的项目材料（如果审查中出现问题，退回重报）如下：

（1）科技成果鉴定申请表。

（2）科技成果鉴定证书（草稿）。

（3）项目研制报告。

（4）项目技术报告。

（5）用户报告。

（6）经济效益/社会效益分析报告。

（7）查新报告。

（8）测试大纲。

将申报项目的审查结果报主管领导批准；组织成立项目鉴定委员会，选择好鉴定的时间、地点，通知有关人员参加会议；成立测试小组对项目进行测试并写出测试报告；写出会议日程，组织召开科技成果鉴定会（开会前，要求申请单位写出鉴定意见草稿）；鉴定会上形成的鉴定意见必须写明“存在问题”和“改进意见”。

对鉴定会后报来的科技成果鉴定证书进行审查并签字盖章后，提交上级科技管理部门。

6. 材料准备

（1）申报鉴定时交一份鉴定材料及电子版范本。

（2）政府或者上级科技管理部门批准后，准备好开会的材料。

（3）鉴定会后，鉴定材料要归档。

第二节 专 利 知 识

专利一般是由政府机关或者代表若干国家的区域性组织根据申请而颁发的一种文件，这种文件记载了发明创造的内容，并且在一定时期内产生这样一种法律状态，即获得专利的发明创造在一般情况下他人只有经专利权人许可才能予以实施。在我国，专利分为发明、实用新型和外观设计三种类型。

专利在知识产权中有三重意思，比较容易混淆。

第一：专利权的简称，指专利权人对发明创造享有的专利权，即国家依法在一定时期内授予发明创造者或者其权利继受者独占使用其发明创造的权利，这里强调的是权利。专利权是一种专有权，这种权利具有独占的排他性。非专利权人要想使用他人的专利技术，必须依法征得专利权人的授权或许可。

第二：指受到《中华人民共和国专利法》保护的发明创造，即专利技术，是受国家认可并在公开的基础上进行法律保护的专有技术。“专利”在这里具体指的是技术方法——受国家法律保护的技术或者方案。(所谓专有技术，是享有专有权的技术，这是更大的概念，包括专利技术和技术秘密。某些不属于专利和技术秘密的专业技术，只有在某些技术服务合同中才有意义。)专利是受法律规范保护的发明创造，它是指一项发明创造向国家审批机关提出专利申请，经依法审查合格后向专利申请人授予的该国内规定的时间内对该项发明创造享有的专有权，并需要定时缴纳年费来维持这种国家的保护状态。

第三：指知识产权局颁发的确认申请人对其发明创造享有的专利权的专利证书或指记载发明创造内容的专利文献，指的是具体的物质文件。

一、专利分类

专利按持有人所有权分为有效专利和失效专利。

1. 有效专利

通常所说的有效专利，是指专利申请被授权后，仍处于有效状态的专利。要使专利处于有效状态，首先，该专利权还处在法定保护期限内，另外，专利权人需要按规定缴纳了年费。

2. 失效专利

专利申请被授权后，因为已经超过法定保护期限或因为专利权人未及时缴纳专利年费而丧失了专利权或被任意个人或者单位请求宣布专利无效后经专利复审

委员会认定并宣布无效而丧失专利权之后，称为失效专利。失效专利对所涉及的技术的使用不再有约束力。

二、原则

授予专利权的发明和实用新型，应当具备新颖性、创造性和实用性。

1. 新颖性

新颖性，是指该发明或者实用新型不属于现有技术；也没有任何单位或者个人就同样的发明或者实用新型在申请日以前向国务院专利行政部门提出过申请，并记载在申请日以后公布的专利申请文件或者公告的专利文件中。

2. 创造性

创造性，是指与现有技术相比，该发明具有突出的实质性特点和显著的进步，具有实质性特点和进步。

3. 实用性

判断要满足下列条件：

《中华人民共和国专利法》规定：实用性，是指该发明或者实用新型能够制造或者使用，并且能够产生积极效果。

能够制造或者使用，是指发明创造能够在工农业及其他行业的生产中大量制造，并且应用在工农业生产上和人民生活中，同时产生积极效果。这里必须指出的是，《中华人民共和国专利法》并不要求其发明或者实用新型在申请专利之前已经经过生产实践，而是分析和推断在工农业及其他行业的生产中可以实现。

4. 非显而易见性

非显而易见的（nonobviousness）：专利发明必须明显不同于已知技艺（prior art）。所以，获得专利的发明必须是在既有的技术或知识上有显著的进步，而不能只是已知技术或知识的显而易见的改良。这样的规定是要避免发明人只针对既有产品做小部分的修改就提出专利申请。若运用已知技艺或为熟习该类技术都能轻易完成，无论是否增加功效，均不符合专利的进步性精神；而在该专业或技术领域的人都想得到的构想，就显而易见（obviousness），不能申请专利的。

5. 适度揭露性

适度揭露（adequate disclosure）：为促进产业发展，国家赋予发明人独占的利益，而发明人则需充分描述其发明的结构与运用方式，以便利他人在取得发明人同意或专利到期之后，能够实施此发明，或是透过专利授权实现发明或者再利用再发明。如此，一个有价值的发明能对社会、国家发展有所贡献。

三、专利种类

专利的种类在不同的国家有不同规定，在我国专利法中规定有：发明专利、实用新型专利和外观设计专利。在香港专利法中规定有：标准专利（相当于大陆的发明专利）、短期专利（相当于大陆的实用新型专利）、外观设计专利。在部分发达国家中分类：发明专利和外观设计专利。

1. 发明专利

《中华人民共和国专利法》第二条第二款对发明的定义是：发明是指对产品、方法或者其改进所提出的新的技术方案。

所谓产品是指工业上能够制造的各种新制品，包括有一定形状和结构的固体、液体、气体之类的物品。所谓方法是指对原料进行加工，制成各种产品的方法。发明专利并不要求它是经过实践证明可以直接应用于工业生产的技术成果，它可以是一项解决技术问题的方案或是一种构思，具有在工业上应用的可能性，但这也不能将这种技术方案或构思与单纯地提出课题、设想相混同，因单纯的课题、设想不具备工业上应用的可能性。

发明是指对产品、方法或者其改进所提出的新的技术方案，主要体现新颖性、创造性和实用性。取得专利的发明又分为产品发明（如机器、仪器设备、用具）和方法发明（制造方法）两大类。

2. 实用新型专利

《中华人民共和国专利法》第二条第三款对实用新型的定义是：实用新型是指对产品的形状、构造或者其结合所提出的。

适于实用的新的技术方案。同发明一样，实用新型保护的也是一个技术方案。但实用新型专利保护的范围较窄，它只保护有一定形状或结构的新产品，不保护方法以及没有固定形状的物质。实用新型的技术方案更注重实用性，其技术水平较发明而言，要低一些，多数国家实用新型专利保护的都是比较简单的、改进性的技术发明，可以称为“小发明”。

实用新型是指对产品的形状、构造或者其结合所提出的适于实用的新的技术方案，授予实用新型专利不需经过实质审查，手续比较简便，费用较低，因此关于日用品、机械、电器等方面的有形产品的小发明，比较适用于申请实用新型专利。

3. 外观设计专利

《中华人民共和国专利法》第二条第四款对外观设计的定义是：外观设计是指

对产品的形状、图案或其结合以及色彩与形状、图案的结合所作出的富有美感并适于工业应用的新设计。并在《中华人民共和国专利法》第二十三条对其授权条件进行了规定：授予专利权的外观设计，应当不属于现有设计；也没有任何单位或者个人就同样的外观设计在申请日以前向国务院专利行政部门提出过申请，并记载在申请日以后公告的专利文件中。相对于以前的《中华人民共和国专利法》，最新修改的《中华人民共和国专利法》对外观设计的要求提高了。

外观设计与发明、实用新型有着明显的区别，外观设计注重的是设计人对一项产品的外观所作出的富于艺术性、具有美感的创造，但这种具有艺术性的创造，不是单纯的工艺品，它必须具有能够为产业上所应用的实用性。外观设计专利实质上是保护美术思想的，而发明专利和实用新型专利保护的是技术思想。虽然外观设计和实用新型与产品的形状有关，但两者的目的却不相同，前者的目的在于使产品形状产生美感，而后者的目的在于使具有形态的产品能够解决某一技术问题。例如一把雨伞，若它的形状、图案、色彩相当美观，那么应申请外观设计专利，如果雨伞的伞柄、伞骨、伞头结构设计精简合理，可以节省材料又有耐用的功能，那么应申请实用新型专利。

外观设计是指对产品的形状、图案或者其结合以及色彩与形状、图案的结合所做出的富有美感并适于工业应用的新设计。外观设计专利的保护对象，是产品的装饰性或艺术性外表设计，这种设计可以是平面图案，也可以是立体造型，更常见的是这二者的结合，授予外观设计专利的主要条件是新颖性。

四、专利特点

专利属于知识产权的一部分，是一种无形的财产，具有与其他财产不同的特点。

1. 排他性

也即独占性。它是指在一定时间（专利权有效期内）和区域（法律管辖区）内，任何单位或个人未经专利权人许可都不得实施其专利，即不得为生产经营目的的制造、使用、许诺销售、销售、进口其专利产品，或者使用其专利方法以及制造、使用、许诺销售、销售、进口其专利产品，否则属于侵权行为。

2. 区域性

区域性是指专利权是一种有区域范围限制的权利，它只有在法律管辖区域内有效。除了在有些情况下，依据保护知识产权的国际公约，以及个别国家承认另一国批准的专利权有效以外，技术发明在哪个国家申请专利，就由哪个国家授予专利权，而且只在专利授予国的范围内有效，而对其他国家则不具有法律的约束力，其他国家不承担任何保护义务。但是，同一发明可以同时在两个或两个以上的国家申请专利，获得批准后其发明便可以在所在申请国获得法律保护。

3. 时间性

时间性是指专利只有在法律规定的期限内才有效。专利权的有效保护期限结束以后，专利权人所享有的专利权便自动丧失，一般不能续展。发明便随着保护期限的结束而成为社会公有的财富，其他人便可以自由地使用该发明来创造产品。专利受法律保护的期限的长短由有关国家的专利法或有关国际公约规定。世界各国的专利法对专利的保护期限规定不一。《知识产权协定》第三十三条规定专利“保护的有效期应不少于自提交申请之日起的第二十年年终”。

五、专利申请

1. 申请原则

（1）形式法定原则。申请专利的各种手续，都应当以书面形式或者国家知识产权局专利局规定的其他形式办理。以口头、电话、实物等非书面形式办理的各种手续，或者以电报、电传、传真、胶片等直接或间接产生印刷、打字或手写文件的通讯手段办理的各种手续均视为未提出，不产生法律效力。

（2）单一性原则。单一性原则是指一件专利申请只能限于一项发明创造。但是属于一个总的发明构思的两项以上的发明或者实用新型，可以作为一件申请提出；用于同一类别并且成套出售或者使用的产品的两项以上的外观设计，可以作为一件申请提出。

（3）先申请原则。两个或者两个以上的申请人分别就同样的发明创造申请专利的，专利权授给最先申请的人。

2. 申请专利要求

（1）不违反国家法律和不违背自然规律。

（2）按《中华人民共和国专利法》规定，不授予专利权的内容和技术领域。

1）科学发现。

2）智力活动的规则和方法。

3）疾病的诊断和治疗方法。

4）动物和植物品种。

5）用原子核变换方法获得的物质。

但对上款第四项所列产品的生产方法，可以依照《中华人民共和国专利法》

规定授予专利权。

（3）申请发明和实用新型专利的发明创造要符合新颖性、创造性、实用性的要求。

3. 优先权的含义

优先权原则源自1883年签订的保护工业产权“巴黎公约”，目的是便于缔约国国民在其本国提出专利或者商标申请后向其他缔约国提出申请。所谓“优先权”是指，申请人在一个缔约国第一次提出申请后，可以在一定期限内就同一主题向其他缔约国申请保护，其在后申请可在某些方面被视为是在第一次申请的申请日提出的。换句话说，在一定期限内，申请人提出的在后申请与其他人在其首次申请日之后就同一主题所提出的申请相比，享有优先的地位，这就是优先权一词的由来。专利优先权可分为国内优先权和国际优先权。

（1）国内优先权。国内优先权，又称为“本国优先权”，是指专利申请人就相同主题的发明或者实用新型在外国第一次提出专利申请之日起12个月内，又向我国国家知识产权局专利局提出专利申请的，可以享有优先权。在我国优先权制度中不包括外观设计专利。

（2）国际优先权。国际优先权，又称“外国优先权”，其内容是：专利申请人就同一发明或者实用新型在外国第一次提出专利申请之日起12个月内，或者就同一外观设计在外国第一次提出专利申请之日起6个月内，又在中国提出专利申请的，中国应当以其在外国第一次提出专利申请之日为申请日，该申请日即为优先权日。

4. 申请日重要性

根据《中华人民共和国专利法》第二十八条的规定，国务院专利行政部门收到专利申请文件之日为申请日。如果申请文件是邮寄的，以寄出的邮戳日为申请日。申请日在法律上具有十分重要的意义：它确定了提交申请时间的先后，按照先申请原则，在有相同内容的多个申请时，申请的先后决定了专利权授予谁；它确定了对现有技术的检索时间界限，这在审查中对决定申请是否具有专利性关系重大；申请日是审查程序中一系列重要期限的起算日。

5. 授予实质条件

《中华人民共和国专利法》第二十二条规定：授予专利权的发明和实用新型，应当具备新颖性、创造性和实用性。具备新颖性、创造性和实用性是授予发明和实用新型专利权的实质性条件。

同时，《中华人民共和国专利法》第二十三条规定：授予专利权的外观设计，应当不属于现有设计；也没有任何单位或者个人就同样的外观设计在申请日以前向国务院专利行政部门提出过申请，并记载在申请日以后公告的专利文件中。

6. 申请流程

（1）综述。依据《中华人民共和国专利法》，发明专利申请的审批程序包括：受理、初步审查阶段、公布、实审以及授权5个阶段，实用新型和外观设计申请不进行早期公布和实质审查，只有3个阶段。

（2）受理阶段。专利局收到专利申请后进行审查，如果符合受理条件，专利局将确定申请日，给予申请号，并且核实过文件清单后，发出受理通知书，通知申请人。如果申请文件未打字、印刷或字迹不清、有涂改的；或者附图及图片未用绘图工具和黑色墨水绘制、照片模糊不清有涂改的；或者申请文件不齐备的；或者请求书中缺申请人姓名或名称及地址不详的；或专利申请类别不明确或无法确定的，以及外国单位和个人未经涉外专利代理机构直接寄来的专利申请不予受理。

（3）初步审查阶段。经受理后的专利申请按照规定缴纳申请费的，自动进入初审阶段。初审前发明专利申请首先要进行保密审查，需要保密的，按保密程序处理。

在初审时要对申请是否存在明显缺陷进行审查，主要包括审查内容是否属于《中华人民共和国专利法》中不授予专利权的范围，是否明显缺乏技术内容不能构成技术方案，是否缺乏单一性，申请文件是否齐备及格式是否符合要求。若是外国申请人还要进行资格审查及申请手续审查。不合格的，专利局将通知申请人在规定的期限内补正或陈述意见，逾期不答复的，申请将被视为撤回。经答复仍未消除缺陷的，予以驳回。发明专利申请初审合格的，将发给初审合格通知书。对实用新型和外观设计专利申请，除进行上述审查外，还要审查是否明显与已有专利相同，不是一个新的技术方案或者新的设计，经初审未发现驳回理由的，将直接进入授权程序。

（4）公布阶段。发明专利申请从发出初审合格通知书起进入公布阶段，如果申请人没有提出提前公开的请求，要等到申请日起满 15 个月才进入公开准备程序。如果申请人请求提前公开的，则申请立即进入公开准备程序。经过格式复核、编辑校对、计算机处理、排版印刷，大约 3 个月后在专利公报上公布其说明书摘要并出版说明书单行本。申请公布以后，申请人就获得了临时保护的权利。

（5）实质审查阶段。发明专利申请公布以后，如果申请人已经提出实质审查请求并已生效的，申请进入实审程序。如果发明专利申请自申请日起满三年还未

提出实审请求，或者实审请求未生效的，该申请即被视为撤回。

在实审期间将对专利申请是否具有新颖性、创造性、实用性以及《中华人民共和国专利法》规定的其他实质性条件进行全面审查。经审查认为不符合授权条件的或者存在各种缺陷的，将通知申请人在规定的时间内陈述意见或进行修改，逾期不答复的，申请被视为撤回，经多次答复申请仍不符合要求的，予以驳回。实审周期较长，若从申请日起两年内尚未授权，从第三年应当每年缴纳申请维持费，逾期不缴的，申请将被视为撤回。

实质审查中未发现驳回理由的，将按规定进入授权程序。

（6）授权阶段。实用新型和外观设计专利申请经初步审查以及发明专利申请经实质审查未发现驳回理由的，由审查员作出授权通知，申请进入授权登记准备，经对授权文本的法律效力和完整性进行复核，对专利申请的著录项目进行校对、修改后，专利局发出授权通知书和办理登记手续通知书。申请人接到通知书后应当在 2 个月之内按照通知的要求办理登记手续并缴纳规定的费用，按期办理登记手续的，专利局将授予专利权，颁发专利证书，在专利登记簿上记录，并在 2 个月后于专利公报上公告，未按规定办理登记手续的，视为放弃取得专利权的权利。

7. 受理机关

国家知识产权局是我国唯一有权接受专利申请的机关。国家知识产权局在全国 28 个城市设有代办处，受理专利申请文件，代收各种专利费用。

8. 申请文件

申请专利时提交的法律文件必须采用书面形式，并按照规定的统一格式填写。申请不同类型的专利，需要准备不同的文件。

（1）申请发明专利的，申请文件应当包括：发明专利请求书、说明书（必要时应当有说明书附图）、权利要求书、摘要及其附图（具有说明书附图时须提供）各一式一份。

（2）申请实用新型专利的，申请文件应当包括：实用新型专利请求书、说明书、说明书附图、权利要求书、摘要及其附图各一式一份。

（3）申请外观设计的，申请文件应当包括：外观设计专利请求书、图片或者照片，各一式一份。要求保护色彩的，还应当提交彩色和黑白的图片或者照片各一份。如对图片或照片需要说明的，应当提交外观设计简要说明一式一份。

（4）公司申请专利的，申请文件应当包括：企业法人营业执照复印件（加盖公章），各一式一份，还应当提交发明人身份证号码，一式一份。申请地址、邮编、电话等通信方式。

（5）个人申请专利的，申请文件应当包括：申请人和发明人的身份证复印件，各一式一份，还应当提交申请地址、邮编、电话等通信方式。

9. 撰写

权利要求书应当以说明书为依据，说明发明或实用新型的技术特征，限定专利申请的保护范围。在专利权授予后，权利要求书是确定发明或者实用新型专利权范围的根据，也是判断他人是否侵权的根据，有直接的法律效力。权利要求分为独立权利要求和从属权利要求。独立权利要求应当从整体上反映发明或者实用新型的主要技术内容，它是记载构成发明或者实用新型的必要技术特征的权利要求。从属权利要求是引用一项或多项权利要求的权利要求，它是一种包括另一项（或几项）权利要求的全部技术特征，又含有进一步加以限制的技术特征的权利要求。进行权利要求的撰写必须十分严格、准确、具有高度的法律和技术方面的技巧。

10. 费用

（1）申请专利委托代理时，申请人需要交纳代理费和官费。

（2）代理费数额依据申请所属技术领域的难易程度和工作量大小由申请人与代理机构协商后确定。

（3）官费是交给国家知识产权局的费用。首笔官费包括申请费和发明申请审查费，数额（人民币）为：发明专利申请费 950 元（含印刷费 50 元），实用新型专利申请费 500 元。

（4）外观设计专利申请费 500 元，发明申请审查费 2500 元。

（5）要获得并保持专利，申请人还需要在申请后的若干年内向专利局交纳专利年费等费用。

（6）专利局可以就某些费用（申请费、发明申请审查费、发明申请维持费、复审费和授权后三年的年费五项）对确有困难的申请人实行减缓。申请人为单位的，可减缓上述费用的 70%（复审费减缓 60%），申请人为个人的，可减缓上述费用的 85%（复审费减缓 80%）。

11. 申请途径

（1）途径 1：申请人自己申请（将申请文件递交专利局或地方代办处，并缴纳相关费用）。

（2）途径 2：委托专利代理机构申请。

一般应该委托专业的代理机构，以避免由于自身对相关法律知识或相关程序了解不足而导致授权率降低或保护范围不当。

12. 职务发明

《中华人民共和国专利法》第六条规定：“执行本单位的任务或者主要是利用本单位的物质技术条件所完成的发明创造为职务发明创造。职务发明创造申请专利的权利属于该单位。申请被批准后，该单位为专利权人。

非职务发明创造，申请专利的权利属于发明人或者设计人。申请被批准后，该发明人或者设计人为专利权人。

利用本单位的物质技术条件所完成的发明创造，单位与发明人或者设计人订有合同，对申请专利的权利和专利权的归属作出约定的，从其约定。”

《中华人民共和国专利法》第六条所称执行本单位的任务所完成的职务发明创造，是指：

（1）在本职工作中做出的发明创造。

（2）履行本单位交付的本职工作之外的任务所做出的发明创造。

（3）退职、退休或者调动工作后1年内做出的，与其在原单位承担的本职工作或者单位分配的任务有关的发明创造。

《中华人民共和国专利法》第六条所称本单位，包括临时工作单位；《中华人民共和国专利法》第六条所称本单位的物质技术条件，是指本单位的资金、设备、零部件、原材料或者不对外公开的技术资料等。

13. 保密审查

根据《中华人民共和国专利法》第四条的规定，涉及国家安全或者重大利益的发明创造，需要按照有关规定申请保密专利。一般而言，涉及国家安全的发明创造主要是指国防专用或者对国防有重大价值的发明创造。涉及国家重大利益的发明创造是指涉及国家安全以外的其他重大利益的发明创造。这些发明创造的公开会影响国家的防御能力，损害国家的政治、经济利益或削弱国家的经济、科技实力。对于军民两用的发明创造，申请人如果希望其发明能够推广应用，就不宜申请保密专利。申请保密专利的发明创造不包括实用新型和外观设计。

14. 申请号和专利号

（1）申请号：在专利申请人向国家知识产权局提出专利申请，国家知识产权局给予专利申请受理通知书，并给予专利的申请号。

（2）专利号：专利申请人获得专利权后，国家知识产权局颁发的专利证书上专利号为：ZL（专利的首字母）+申请号。

六、专利检索平台

（1）中国国家知识产权局专利检索。

检索方式：

1）字段检索：系统提供了16个检索字段，用户可根据已知条件，从16个检索入口做选择，可以进行单字段检索或多字段限定检索。

每个检索字段均可进行模糊检索，用%（必须使用半角格式），代表一个任意字母、数字或字。

可使用多个模糊字符，且可在输入检索字符串任何位置，首位置可省略。

2）IPC分类检索。IPC分类导航检索即利用IPC类表中各部、大类、小类，逐级查询到感兴趣的类目，点击此类目名称，可得到该类目下的专利检索结果（外观设计除外）。

IPC 分类导航检索同时提供关键词检索，即在选中某类目下，在发明名称和摘要等范围内再进行关键词检索，提高检索的准确性。

（2）专利网专利检索。中国专利检索：涵盖新中国成立以来所有中国专利全文和最新公布的专利全文，提供按关键词搜索、高级专利检索、简单检索、表格检索、IPC专利检索、同义词表等专利检索功能，申请人和发明人历年所有专利，专利代理公司和代理人的所有经手专利，以及法律状态，同族专利等，是专利查询和情报工作者和普通用户专利查询、专利检索和专利分析随需随用的好伙伴。

国际专利检索：提供便捷与国际专利数据库同步时时更新的一亿级国际专利的通道，免费专利检索下载世界专利工具。

（3）百度专利检索。

（4）其他。

附录　科技论文写作知识

1. 科技论文的含义与写作要求

（1）科技论文的含义。科技论文是在科学研究、科学实验的基础上，对自然科学和专业技术领域里的某些现象或问题进行专题研究，运用概念、判断、推理、证明或反驳等逻辑思维手段，分析和阐述，揭示出这些现象和问题的本质及其规律性而撰写成的论文。

（2）科技论文的写作要求。科技论文应该具有科学性、首创性、逻辑性和有效性。

1）科学性。这是科技论文在方法论上的特征，它不仅仅描述的是涉及科学和技术领域的命题，而且更重要的是论述的内容具有科学可信性，是可以复现的成熟理论、技巧或物件，或者是经过多次使用已成熟能够推广应用的技术。

2）首创性。这是科技论文的灵魂，是有别于其他文献的特征所在。它要求文章所揭示的事物现象、属性、特点及事物运动时所遵循的规律，或者这些规律的运用必须是前所未见的、首创的或部分首创的，必须有所发现、有所发明、有所创造、有所前进，而不是对前人工作的复述、模仿或解释。

3）逻辑性。这是文章的结构特点。它要求科技论文脉络清晰、结构严谨、前提完备、演算正确、符号规范，文字通顺、图表精制、推断合理、前呼后应、自成系统。

4）有效性。指文章的发表方式。当今只有经过相关专业的同行专家的审阅，并在一定规格的学术评议会上答辩通过、存档归案；或在正式的科技刊物上发表的科技论文才被承认为是完备和有效的。这时，不管科技论文采用何种文字发表，它表明科技论文所揭示的事实及其真谛已能方便地为他人所应用，成为人类知识宝库中的一个组成部分。

2. 科技论文的分类

科技论文一般分为以下五类：

（1）论证型。对基础性科学命题的论述与证明，或对提出的新的设想原理、模型、材料、工艺等进行理论分析，使其完善、补充或修正。如维持河流健康生命具体指标的确定，流域初始水权的分配等都属于这一类型。从事专题研究的人员写这方面的科技论文多些。

（2）科技报告型。科技报告是描述一项科学技术研究的结果或进展，或一项技术研究试验和评价的结果，或论述某项科学技术问题的现状和发展的文件。记述型文章是它的一种特例。专业技术、工程方案和研究计划的可行性论证文章，科技报告型论文占现代科技文献的多数。从事工程设计、规划的人员写这方面的科技论文多些。

（3）发现、发明型。记述被发现事物或事件的背景、现象、本质、特性及其运动变化规律和人类使用这种发现前景的文章。阐述被发明的装备、系统、工具、材料、工艺、配方形式或方法的功效、性能、特点、原理及使用条件等的文章。从事工程施工方面的人员写这方面的稿件多些。

（4）设计、计算型。为解决某些工程问题、技术问题和管理问题而进行的计算机程序设计，某些系统、工程方案、产品的计算机辅助设计和优化设计以及某些过程的计算机模拟，某些产品或材料的设计或调制和配制等。从事计算机等软件开发的人员写这方面的科技论文多些。

（5）综述型。这是一种比较特殊的科技论文（如文献综述），与一般科技论文的主要区别在于它不要求在研究内容上具有首创性，尽管一篇好的综述文章也常常包括某些先前未曾发表过的新资料和新思想，但是它要求撰稿人在综合分析和评价已有资料基础上，提出在特定时期内有关专业课题的发展演变规律和趋势。它的写法通常有两类：一类以汇集文献资料为主，辅以注释，客观而少评述。另一类则着重评述。通过回顾、观察和展望，提出合乎逻辑的、具有启迪性的看法和建议。从事管理工作的人员写这方面的科技论文较多。

3. 科技论文的格式

一篇完整的科技论文应包括题目、署名、摘要、关键词、引言（前言、序言、概述）、正文、结论、参考文献。

（1）题目。题目是科技论文的必要组成部分。它要求用简洁、恰当的词组反映文章的特定内容，论文的主题明白无误地告诉读者，并且使之具有画龙点睛，启迪读者兴趣的功能。一般情况下，题目中应包括文章的主要关键词。题名像一条标签，切忌用较长的主、谓、宾语结构的完整语句逐点描述论文的内容，以保证达到“简洁”的要求，而“恰当”的要求应反映在用词的中肯、醒目、好读好记上。当然，也要避免过分笼统或哗众取宠的所谓简洁，缺乏可检索性，以至于名实不符或无法反映出每篇文章应有的特色。题名应简短，不应很长，一般不宜超过 20 个汉字。

（2）署名。著者署名是科技论文的必要组成部分。著者系指在论文主题内容

的构思、具体研究工作的执行及撰稿执笔等方面的全部或局部上做出的主要贡献的人员，能够对论文的主要内容负责答辩的人员，是论文的法定权人和责任者。署名人数不应太多，对论文涉及的部分内容做过咨询、给过某种帮助或参与常规劳务的人员不宜按著者身份署名，但可以注明他们曾参与了哪一部分具体工作，或通过文末致谢的方式对他们的贡献和劳动表示谢意。合写论文的著者应按论文工作贡献的多少顺序排列。著者的姓名应给全名，一般用真实姓名。同时还应给出著者完成研究工作的单位或著者所在的工作单位或通信地址。

（3）摘要。摘要是现代科技论文的必要附加部分，只有极短的文章才能省略。摘要是以提供文献内容梗概为目的，不加评论和补充解释，简明确切地记述文献重要内容的短文，应包括目的、方法、结果、结论。摘要有两种写法：报道性摘要，指明一次文献的主题范围及内容梗概的简明文摘也称简介，指示性摘要，指示一次文献的陈述主题及取得的成果性质和水平的简明摘要。介乎其间的是报道、指示性摘要：以报道性文摘形式表述一次文献中信息价值较高的部分，而以指示性摘要形式表述其余部分的摘要。一般的科技论文都应尽量写成报道性摘要，而对综述性、资料性或评论性的文章可写成指示性或报道、指示性摘要。摘要可由作者自己写，也可由编者写。编写时要客观、如实地反映一次文献；要着重反映文稿中的新观点；不要重复本学科领域已成常识的内容；不要简单地重复题名中已有的信息；书写要合乎语法，尽量同文稿的文体保持一致；结构要严谨，表达要简明，语义要确切；要用第三人称的写法。摘要字数一般在300字左右。

（4）关键词。为了便于读者从浩如烟海的书刊中寻找文献，特别是适应计算机自动检索的需要，应在文摘后给出3～8个关键词。选能反映文献特征内容，通用性比较强的关键词。首先要选列入主题词表的规范性词。

（5）引言（前言、序言、概述）。引言（前言、序言、概述）经常作为科技论文的开端，主要回答“为什么”这个问题。它简明介绍科技论文的背景、相关领域的前人研究历史与现状（有时亦称这部分为文献综述），以及著者的意图与分析依据，包括科技论文的追求目标、研究范围和理论、技术方案的选取等。引言应言简意赅，不要等同于文摘，或成为文摘的注释。

（6）正文。正文是科技论文的核心组成部分，主要回答“怎么研究”这个问题。正文应充分阐明科技论文的观点、原理、方法及具体达到预期目标的整个过程，并且突出一个“新”字，以反映科技论文具有的首创性。根据需要，论文可以分层深入，逐层剖析，按层设分层标题。科技论文写作不要求文字华丽，但要求思路清晰，合乎逻辑，用语简洁准确、明快流畅；内容务求客观、科学、完备，要尽量让事实和数据说话；凡用简要的文字能够说清楚的，应用文字陈述，用文字不容易说明白或说起来比较烦琐的，应由表或图来陈述。物理量和单位应采用法定计量单位。

（7）结论。结论是整篇文章的最后总结。结论不是科技论文的必要组成部分。主要是回答“研究出什么”。它应该以正文中的试验或考察中得到的现象、数据和阐述分析作为依据，由此完整、准确、简洁地指出：一是由研究对象进行考察或实验得到的结果所揭示的原理及其普遍性；二是研究中有无发现例外或本论文尚难以解释和解决的问题；三是与先前已经发表过的（包括他人或著者自己）研究工作的异同；四是本论文在理论上与实用上的意义与价值；五是对进一步深人研究本课题的建议。

（8）参考文献。它是反映文稿的科学依据和著者尊重他人研究成果而向读者提供文中引用有关资料的出处，或为了节约篇幅和叙述方便，提供在论文中提及而没有展开的有关内容的详尽文本。被列入的论文参考文献应该只限于那些著者亲自阅读过和论文中引用过，而且正式发表的出版物，或其他有关档案资料，包括专利等文献。

4. 科技论文写作应注意的问题

（1）对于刚开始写作科技论文的人来说，论文题目不宜太大，篇幅不宜太长，涉及问题的面不宜过宽，论述的问题也不求过深。应尽可能在前人已有知识的基础上提出一点新的看法。

（2）论文的题目可大一点、深一点。论文题目可以是着重谈某一点，如某个重要问题的某一个重要侧面或某一当前疑难的焦点，解决了这一点，有推动全局的重要意义。

（3）对某专业的基本问题和重要疑难问题有独到的见解，对这个专业的学术水平的提高有推动作用。

（4）对某一学科有关的领域有深邃广博的知识，并能运用这些知识对某学科提供创造性见解，对此学科的发展有重要的推动作用，或对此学科水平的提高有重要的突破。

一篇好的科技论文不光主题突出，论点鲜明，还应结构严谨，层次分明。要安排好结构，一般应遵循以下 5 个原则：

（1）围绕主题，选择有代表性的典型材料，根据需要，加以适当安排，使主题思想得到鲜明突出的表现。

（2）疏通思路，正确反映客观事物的规律，就是说，必须反映客观事物的实

际情况，内部联系，符合人们的认识规律。

（3）结构要完整而统一，符合客观事物的实际情况；客观事物的发展必然经过开始、中间、结尾 3 个阶段，同样每篇文章也必然经过 3 个阶段。

（4）文章结构中最重要的是层次。层次就是文章中材料的次序。写文章时把所选材料分成若干部分，按照主题思想的需要，适当安排，分出轻重缓急，依次表达，前后连贯，充分而鲜明地把主题思想表达出来。

（5）体裁不同，结构也不会完全相同。各种文体都有自己的结构特点。一般说来论说文是以事物的内部逻辑关系来安排结构层次，因此论说文以说理论证为主，同记叙文以“事”为主不同。

参 考 文 献

[1] 孟祥泽. 现代电力建设施工与技术管理. 2 版. 北京：中国电力出版社，2014.